蜀宣花牛生产技术

石长庚 主编

SHUXUAN HUANIU SHENGCHAN JISHU

四川科学技术出版社

图书在版编目（CIP）数据

蜀宣花牛生产技术 / 石长庚主编；吴显军，龙开安副主编. — 成都：四川科学技术出版社，2024.5

ISBN 978-7-5727-1374-3

Ⅰ. ①蜀… Ⅱ. ①石…②吴…③龙… Ⅲ. ①黑白花牛—饲养管理Ⅳ. ① S823

中国国家版本馆 CIP 数据核字（2024）第 108316 号

SHUXUANHUANIU SHENGCHAN JISHU

蜀宣花牛生产技术

石长庚 主编

出 品 人 程佳月
责任编辑 胡小华
责任出版 欧晓春
出版发行 四川科学技术出版社
地 址 四川省成都市锦江区三色路 238 号新华之星A座
传真：028-86361756 邮政编码：610023
成品尺寸 170mm × 240mm
印 张 12.75 字 数 250千
印 刷 成都一千印务有限公司
版 次 2024 年 5 月第 1 版
印 次 2024 年 5 月第 1 次印刷
定 价 58元

ISBN 978-7-5727-1374-3

邮购：四川省成都市锦江区三色路 238 号新华之星 A 座 25 层
邮购电话：028-86361770 邮政编码：610023

蜀宣花牛生产技术
编委会

主　编　石长庚

副主编　吴显军　龙开安

编　委　石长庚　冯　华　龙开安　向世忠　陈　玲

陈　煜　吴显军　罗芙蓉　周厚品　赵纯超

赵益元　段春华　桂　成　廖小英　廖志敏

编号	名称	任务	编撰人员
项目一	牛业生产现状和发展趋势		陈玲、石长庚、赵益元
项目二	牛的品种及生物学特性	宣汉黄牛品种特征特性	桂成、廖小英
		蜀宣花牛品种特性	冯华、廖小英
		国外优良牛品种	桂成、廖小英
		中国黄牛和乳牛品种	桂成、廖小英
		牛的生物学特性	桂成、廖小英
项目三	蜀宣花牛生产技术	饲草生产及加工	段春华、罗芙蓉
		蜀宣花牛繁殖技术	赵纯超、罗芙蓉
		蜀宣花牛犊牛饲养管理	赵纯超、罗芙蓉
		成年牛饲养管理	周厚品、罗芙蓉
		肉用蜀宣花牛的育肥饲养管理	石长庚、罗芙蓉
项目四	主要牛病的防治	牛场的防疫概述	周厚品、吴显军
		牛常见主要疾病的防治	冯华、吴显军
		粪污处理	周厚品、吴显军
项目五	牛场的经营管理	牛场的规划设计	石长庚、陈煜
		牛场的生产管理	向世忠、陈煜
		牛场的财务管理	向世忠、陈煜
项目六	牛产品加工与营销	屠宰与分割	廖志敏、龙开安
		冷藏与运输	廖志敏、龙开安
		牛产品加工	石长庚、龙开安
		牛产品营销	廖志敏、龙开安

目 录

项目一　牛业生产现状和发展趋势

项目导入

在我国现代农业生产中，养牛业是经济发展的支柱产业之一。行业产品包括牛肉、牛奶等，它们既丰富了我们的膳食结构，也提高了养殖者的收入，更好地提高现代牛业的养殖水平，实行机械化、自动化、智能化生产，实现健康绿色养殖，是我们努力的目标。

对养牛事业感兴趣的你就跟随我们一起走进牛的课堂，让我们一起寻找答案吧。

一、发展养牛业的意义

我国是世界养牛大国，养牛数量次于印度、欧盟、巴西等地区和国家。2021年全国有存栏牛 9 817 万头，出栏牛 4 707 万头。四川是我国的养牛大省，2021 年牛存栏量达 830. 51 万头，出栏量 239. 14 万头，分别占全国牛存栏量、出栏量的 8. 46%、5. 1%，养牛数量仅次于河南，位居全国第二。养牛业是四川农区畜牧业的重要组成部分，在畜牧业发展中占有重要地位，在四川省的国民经济发展中有着十分重要的意义。

1. 牛可充分利用各种青贮饲料和农副产品。牛是反刍动物，对粗纤维的消化率平均为 55%~65%，最高可达 90%，因而可以通过利用 75%不能被人类直接利用的各种农副产品，以及不适宜在耕作土地上栽培的天然植物，并将它们转变为人类生活所必需的奶制品、肉制品。

2. 牛可为人类提供营养丰富的食品。在单一食品中，牛奶的营养价值最为完善，它含有人类所需的多种营养成分，其中主要有蛋白质、脂肪、乳糖、矿物质、维生素及人体必需的各种氨基酸。牛肉是人们的主要肉食，具有高蛋白质、高瘦肉率、低脂肪、低胆固醇的特点。

3. 牛的副产品，如皮、毛、角、内脏、血液等都是轻工业和医药的原料。用牛皮制作的皮革，耐潮、耐热，遇潮不膨胀，遇热不易断裂，绝缘性也较好。

4. 牛为农业提供动力和肥料。在我国各种役畜中，牛的饲养量最多。役用牛具有耐粗饲、拉力大、持久力强等特点，随着农业机械化水平的不断提高，牛的役用作用在逐渐减小。一头乳牛一年可产有机肥 20 000 kg，一头肉牛一年可产有机肥10 000 kg，为农业生产提供 6~12 亩①地的肥料，每亩可增产粮食 25~30 kg。

综上所述，大力发展养牛业，不仅可为人类提供优质的营养食品，调整食物结构，提高人民的生活水平，增强人民体质，同时还可为轻工业和医药工业提供丰富的原材料。养牛业也是节粮型畜牧业，发展养牛业既可以缓解对粮食的压力，也可提高畜牧业产值在农业总产值中的比重，这对发展农业生产和农村经济都有重大的意义。

二、我国养牛生产现状

我国虽是世界养牛大国，但是饲养的肉牛品种绝大多数都是选育程度不高的地方牛种，品质相对较低。

1. 奶牛养殖呈提质增量状态。近年来，我国奶牛存栏量下降，但单产水平明显提高，并且随着奶牛规模化、机械化水平，以及加工产业集中度的提高，国家监管力度的加大，生鲜乳质量整体向好。2021 年，我国奶牛存栏量 930 万头，牛奶产量 3 683t，奶牛年平均单产量升至 8. 7t/头，100 头以上奶牛规模化比重达到70%，机械化挤奶率超过 97%，生鲜乳、乳制品和婴幼儿配方乳粉抽检合格率分别达到 99. 9%、99. 87%和 99. 88%，乳品质量安全水平位居食品行业前列，国产品牌婴幼儿配方乳粉市场占有率提高至 68%，市场主导地位进一步巩固。2021 年，内蒙古自治区牛奶产量居全国第一位，产量为 673. 2 万 t，占 18. 3%；黑龙江居全国第二位，产量为 500. 3 万 t，占 13. 6%；河北居全国第三位，产量为 498. 4 万 t，占13. 5%。当前我国主要奶牛品种以荷斯坦牛（黑白+红白）为主，占比为 85%以上；其他乳用品种包括瑞士褐牛、爱尔夏牛和短角牛。

2. 肉牛的品种以地方牛种为主。据 2020 年《国家畜禽遗传资源品种名录》公布，中国普通牛品种有 75 个，其中地方品种 55 个，培育品种 10 个，引入品种 10个，是世界上地方牛品种最多的国家。地方品种以我国的黄牛品种秦川牛、巴山牛、晋南牛、南阳牛、鲁西牛和延边牛为代表，它们是作为杂交母本生产肉牛的

---

① 1 亩≈666. 67m^2。

主要品种；培育品种以蜀宣花牛、云岭牛、夏南牛等为代表，以国外的肉牛品种作父本培育而成；引入品种以荷斯坦牛、娟姗牛、西门塔尔牛、夏洛莱牛、利木赞牛为代表。

3. 牛的育种和改良工作取得成效。我国先后成立了中国奶牛协会、黄牛育种委员会、肉牛育种协作组等，分别制定了育种方案、品种标准、鉴定标准、良种登记，并开展了后裔测定等措施，同时举办了各种类型的技术培训班，出版专业书籍和刊物。在科学研究方面，进行了牛的冷冻精液和人工授精技术，牛的同期发情及牛的胚胎移植等研究工作，取得了较好的成就。兽医方面，采取了各项防疫和培育健康牛群等措施，使结核病、布鲁菌病等基本得到控制。此外，用激光治疗牛的不孕症等技术，获得较大进展。

由于开展和采取了上述一系列的研究和技术措施，牛的生产水平获得了很大的提高。据天津、北京、上海等地乳牛场的统计，牛的平均产乳量为 6 000~7 000 kg。此外，我国各地乳牛场还出现产乳量为万 kg 以上的个体。黄牛和水牛的杂交改良方面，也取得很大的成效。十几年来，良种牛被先后引进与本地黄牛杂交改良，现已育成三河牛、草原红牛、新疆褐牛、夏南牛、华西牛及蜀宣花牛等乳用、肉用或兼用牛品种，其生产性能均比黄牛有很大的提高。如蜀宣花牛年平均产乳量达 4 495. 4 kg,高产个体牛达 8 556 kg。草原红牛的产肉量比同龄蒙古牛提高 40%~60%。

4. 肉牛生产持续发展。随着居民生活水平的提高、食物消费结构和消费习惯的变化，牛肉在我国肉类消费中所占比例不断上升，市场需求强劲，供应明显趋紧。国家统计局数据显示，2016—2021 年，中国牛存栏量由 8724. 4 万头增至 9 817 万头，增长了 1 092. 6 万头，较 2016 年增长 12. 52%；牛出栏量由 4 265 万头增至 4 707 万头，增长了 442 万头，较 2016 年增长 10. 36%；牛肉产量由 616. 9 万 t 增至 698 万 t，增加了 81. 1 万 t，较 2016 年增长 13. 15%；中国人均牛肉消费量也整体呈正增长态势，2021 年中国牛肉人均消费量达 6. 58 kg/人，较 2016 年增加了 1. 7 kg/人，增长 34. 84%，未来有望继续保持增长。我国是牛肉进口大国，中国海关数据显示：2021 年，肉牛进出口数量合计达 215. 94 万 t，其中，出口量为 0. 55 万 t、进口量为 215. 39 万 t，进口量比出口量高出 214. 84 万 t；进出口金额合计达 1 153. 12 亿美元。2017—2021 年，中国牛肉进口量、进口金额整体呈上升趋势。

三、我国养牛业存在的问题

1. 供给保障仍然不足。资料显示，2021 年全球奶牛数量达 13 893. 7 万头，印度的奶牛数量占全球奶牛数量的 41. 75%，其次为欧盟和巴西，占比分别为 14. 8%

和11.98%，而我国占比仅为4.46%。作为奶制品消费大国，我国奶牛养殖规模仍有较大提升空间。2021年中国牛肉需求量达930.02万t，较2020年的884.27万t增加了45.75万t，同比增长5.17%。与2016年的673.79万t相比，我国牛肉需求量增加了256.23万t，增幅达38.03%，年均复合增长率约6.66%，与2021年的牛肉产量（698万t）相比，我国牛肉需求缺口达232.02万t。2021年，农业农村部发布《“十四五”全国畜牧兽医行业发展规划》，规划中明确指出，到2025年，牛肉自给率保持在85%左右；牛肉产量将稳定在680万t左右；牛规模养殖比重达到30%。由此可见未来几年，我国肉牛养殖出栏率将进一步提高，以增加国内牛肉供给，从而实现牛肉自给率的提高。

2. 育种工作相对滞后。长期以来，我国始终未建成科学、规范的良种牛繁育体系，一些已被发达国家所证明的行之有效的选育改良技术，诸如生产性能测定、后裔测定、品种登记等技术措施尚未得到完全实施，因此奶牛群整体的遗传改良进展迟缓，品种改良指导思想不明确，缺乏稳定的育种目标、长期的改良方案，肉牛生产主要以黄牛、水牛及淘汰的奶牛为主，生产周期长，出栏率低，胴体小。

3. 饲草饲料保障不全。近年来，我国饲草供给能力不断提高，饲草产业发展水平持续提高，饲草生产模式多元发展，草业综合效应初步显现。但是也要看到，当前我国饲草产业仍然面临种植基础条件较差、良种支撑能力不强、机械化程度偏低、收储成本高、政策支持不够等发展困难和挑战。

4. 市场价格波动较大。牛业协会监测数据显示，2022年全国育肥牛全年均价为35.1元/kg，同比下跌1.27%；2023年上半年均价31.08元/kg，同比下跌12.6%；2023年6月全国育肥牛平均价格为25.39元/kg，跌至2017年11月以来的最低点。生鲜乳收购价格跌宕起伏，我国奶业主产省生鲜乳平均收购价格由2017年的3.42元/kg涨到2019年的4.14元/kg，2020年跌到3.71元/kg，2021年涨到4.29元/kg，2022年3月跌到4.12元/kg，2023年3月份，主产省区生鲜乳平均收购价格3.99元/kg，环比跌1.5%，同比跌5.0%。

5. 国际竞争力不强。我国牛业起步晚，虽然地方牛种遗传资源丰富，但重引进，轻选育，养牛生产过程中往往忽视了选育种工作，专门肉用、乳用品种少，标准化养殖基地少，标准化水平不高，畜产品质量得不到充分保障，牛产业国际竞争力不强。

四、养牛业发展的趋势

1. 政策支持将会不断完善。畜牧业是关系国计民生的重要产业，肉蛋奶是百姓"菜篮子"里的重要品种。为了促进养牛业发展，我国陆续发布了许多政策，以此来引导行业稳定发展，为行业的发展提供了良好的政策环境。农业农村部在《关于落实党中央国务院2023年全面推进乡村振兴重点工作部署的实施意见》中提出："着力稳生猪、增牛羊、兴奶业，促进畜牧业提质增效。""稳步发展草食畜牧业。深入开展肉牛肉羊增量提质行动，继续支持牧区草原畜牧业转型升级，落实草原生态保护补助奖励政策。实施奶业生产能力提升整县推进项目，加强奶源基地建设，支持开展奶农养加一体化试点。开发利用饲草料资源。""大力推广低蛋白日粮技术。启动实施增草节粮行动，建设优质节水高产稳产饲草生产基地，大力发展青贮玉米和苜蓿等优质饲草，因地制宜开发利用农作物秸秆及特色饲草资源。"

2. 养殖水平将会显著提高。近年来，由于农村劳动力大量转移到城镇，农村散养户越来越少，加之一些中小型奶牛场被兼并或转产，因而牛场的数量大幅度减少，但牛场的规模不断扩大，并且日益趋向专业化、信息化、工厂化发展，智能化、机械化水平显著提高，实行集约化、规模化经营管理。草业体系建设不断完善，饲草料开发利用体系建设初具规模，牧草种植、加工和收储利用全面推广，农作物秸秆综合利用稳步推进。

3. 科技支撑将会不断加强。随着生物技术突飞猛进地发展，大批成熟的高新技术，如基因工程、同期发情、冷胚移植、同卵双生、胚胎性别鉴定、胚胎分割、激素免疫等，在养牛业中得到推广应用，并取得较好效果。此外，在牛的育种、饲养管理方面，实行了微机管理，从而大幅度提高了养牛业的生产管理水平。

4. 种业芯片将会不断提升。2021年出台的《种业振兴行动方案》提出，牛种是牛业现代化的基础，全面实施生物育种重大项目，扎实推进国家育种联合攻关和畜禽遗传改良计划。着重聚焦品种培育和种业基地建设，统筹兼顾做好资源保护、企业扶优、市场净化等工作，推动种业振兴，提供种源支撑。在奶牛群体实施长期、系统的科学选育技术，使奶牛群体得到整体的遗传改良和提高。建立牛良种繁育技术体系，通过核心育种场和育种联盟，开展自主培育种牛，提高种业市场竞争力。

5. 品牌建设将会更加受到重视。做强做大中国牛产业，让中国牛产业走向世界，培养一批优秀自主肉牛企业品牌和牛肉品牌。提升国产婴幼儿配方乳粉的品质、竞争力和美誉度，提高市场占有率。开展宣传推广、展销展览、供需对接、认证认可等公共服务，向世界推介中国牛肉、乳制品品牌。同时继续开展新一批国贸基地（农业国际贸易高质量发展基地）认定工作，参加高质量农产品国际展会等，以此提升我国牛产业的国际竞争力。

6. 智慧牛业将会快速发展。在新产基建背景下，加强云计算、人工智能、大数据、5G、物联网、区块链等新技术在牛业的应用，提高圈舍环境调控、精准饲喂、动物疫病监测、畜禽产品追溯等多场景应用的智能化水平，指导肉牛产业的生产，从而为养殖场获取最佳的经济效益。智慧牛业将是今后牛业的发展方向。

【任务实施】

中国养牛业生产现状和发展趋势的知识梳理

1. 目的要求

理解我国养牛业的生产现状、问题及发展对策和方向。

2. 材料准备

白纸、笔、电脑等。

3. 操作步骤

将学生分组，每组 5~8 人并选出组长，组长负责本组操作分工。小组成员通过网络、书籍等查询资料，并到养殖场现场调查；根据所学知识，以表格形式整理我国养牛生产的现状、问题、发展对策及方向；组长进行资料汇总，小组讨论修正后汇报成果。

4. 学习效果评价

序号	评价内容	评价标准	分数	评价方式
1	合作意识	有团队合作精神，积极与小组成员协作，共同完成学习任务	10	小组自评 20% 组间互评 30% 教师评价 30% 企业评价 20%
2	收集材料能力	收集资料的渠道、方法多样，内容全面	40	
3	沟通精神	成员之间能沟通解决问题的思路	30	
4	记录与总结	完成任务，记录详细、清晰	20	
合计			100	100%

【任务反思】

1. 中国为什么发展养牛业？

2. 中国目前的养牛业有什么问题？如何解决？

项目测试

一、单项选择题（将正确的选项填在括号内）

1. 四川的牛存栏量居全国（　　）。

A. 第一位　　B. 第二位　　C. 第三位　　D. 第四位

2. 我国的牛品种以（　　）为主。

A. 地方品种　　B. 引入品种　　C. 培育品种　　D. 标准品种

二、多项选择题（将正确的选项填在括号内）

1. 牛奶含有（　　）等营养成分。

A. 蛋白质　　B. 脂肪　　C. 矿物质　　D. 维生素

2. 下列（　　）属于地方品种。

A. 秦川牛　　B. 娟姗牛　　C. 南阳牛　　D. 蜀宣花牛

三、判断题（正确的在括号里打 A，错误的在括号里打 B）

（　　）1. 当前我国饲草产业形势较好。

（　　）2. 养牛业属于节粮型畜牧业。

（赵益元　陈　玲）

项目二　牛的品种及生物学特性

项目导入

蜀宣花牛是20世纪70年代末期至今，四川省达州市宣汉县畜牧食品局与四川省畜牧科学研究院等单位在引进西门塔尔牛与宣汉本地黄牛杂交的基础上，导入了荷斯坦牛血缘后再用西门塔尔牛级进杂交两代，经横交和世代选育而逐渐形成的一个具有较高乳、肉生产性能，并能有效适应我国南方高温、高湿的自然气候和农区粗放饲养管理条件的兼用型牛种。蜀宣花牛现有牛群总数3万多头，基础牛群8 000多头，其中核心群1 000多头。蜀宣花牛产业已成为四川省达州市宣汉县农民脱贫致富的支柱性产业，具有显著的经济效益和社会效益。

本项目有5个学习任务：（1）宣汉黄牛品种特性；（2）蜀宣花牛品种特性；（3）国外优良牛品种；（4）中国黄牛和乳牛品种；（5）牛的生物学特性。

任务一　宣汉黄牛品种特性

【任务目标】

知识目标：1. 掌握宣汉黄牛的不同品种及特性。

　　　　　2. 掌握宣汉黄牛不同品种的体型外貌和生产性能。

技能目标：能根据宣汉黄牛的不同体型外貌准确识别品种。

【任务准备】

一、特性

宣汉黄牛属四川优良地方品种，对山区有良好的适应性，具有性情温驯、产肉量高和肉质细嫩的优良特性。

二、体型外貌

宣汉黄牛体躯紧凑细致，被毛细而稀短，毛色以全身黄毛为主。角型以角尖向上向前弯曲的照阳角为主。前躯发育良好，胸深；中躯较短，结实紧凑；背腰平直，腹大不下垂；尻部较长略斜；四肢细长，蹄质坚实。公牛头粗重，颈粗短，垂皮发达，鬐甲高而丰满（图 2-1）。母牛头清秀，颈较细长，鬐甲低而薄（图 2-2）。

图 2-1　宣汉黄牛公牛

图 2-2　宣汉黄牛母牛

三、生产性能

1. 生长发育

公犊初生重 14~16 kg，母犊初生重 13~15 kg。6 月龄公犊体重 80~95 kg，平均日增重 442 g；母犊体重 70~84 kg，平均日增重 394 g。1~4 岁公牛平均每年增重 59. 7 kg，母牛平均每年增重 51. 8 kg。

2. 产肉性能

在农户饲养条件下，成年公牛体重 330~380 kg，屠宰率 51%~53%，净肉率 40%~42%；11 肋骨肌肉样含蛋白质 19. 0%~22. 4%、脂肪 5. 1%~7. 5%、灰分 1. 3%~1. 4%。成年母牛体重 290~332 kg，屠宰率 44%~50%，净肉率 35. 5%~45. 3%；11 肋骨肌肉样含蛋白质 19. 0%~22. 3%、脂肪 3. 9%~8. 3%、灰分 1. 1%~1. 4%。

3. 繁殖性能

性成熟年龄为 12~18 月龄。公牛初配年龄为 24 月龄，母牛初配年龄为 24~30 月龄。母牛一年四季均可繁殖，发情周期平均为 22 d，妊娠期平均 281 d，一般 3 年产犊 2 头，犊牛成活率为 98%。

【任务实施】

宣汉本地黄牛品种的知识梳理

1. 目的要求

学会根据宣汉黄牛的不同体型外貌，准确识别品种，并说出其特性和生产性能。

2. 材料准备

白纸、笔、电脑等。

3. 操作步骤

将学生分组，每组 5~8 人并选出组长，组长负责本组操作分工。小组成员通过网络、书籍等查询资料，并到养殖场现场拍摄不同品种牛的照片及向农场主询问牛的特性和生产性能等。根据所学知识，以表格形式整理宣汉黄牛不同品种的体型外貌（附上照片）及特性、生产性能。组长进行资料汇总，小组讨论修正后汇报成果。

4. 学习效果评价

序号	评价内容	评价标准	分数	评价方式
1	合作意识	有团队合作精神，积极与小组成员协作，共同完成学习任务	10	小组自评 20% 组间互评 30% 教师评价 30% 企业评价 20%
2	品种识别	能准确识别宣汉不同品种的黄牛	40	
3	沟通精神	成员之间能沟通解决问题的思路	30	
4	记录与总结	完成任务，记录详细、清晰	20	
合计			100	100%

【任务反思】

1. 宣汉本地黄牛品种具有哪些优势？

2. 宣汉本地黄牛的体型外貌与其他外地黄牛的区别是什么？为什么会出现这种现象？

任务二　蜀宣花牛品种特性

【任务目标】

知识目标：1. 掌握蜀宣花牛的培育方式、体型外貌。

　　　　　2. 掌握蜀宣花牛的繁殖性能和生产性能。

技能目标：能根据蜀宣花牛的体型外貌准确识别蜀宣花牛。

【任务准备】

一、蜀宣花牛品种培育

蜀宣花牛含西门塔尔牛血缘 81.25%，荷斯坦牛血缘 12.5%，宣汉黄牛血缘 6.25%，遗传性能稳定，血统清楚（图 2-3）。截至 2020 年底，蜀宣花牛总存栏数 14.5 万余头，出栏 8.5 万头，选育区基础母牛群 52 098 头，其中种公牛 1 320 头。核心群母牛 16 853 余头，公牛 260 头，有 8 个独立的血统来源。

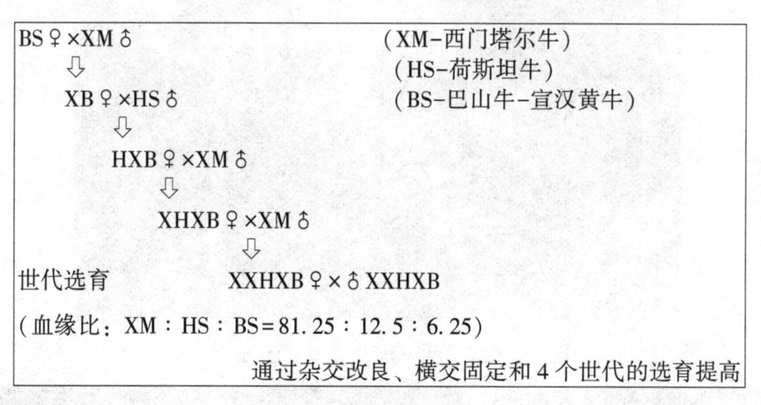

图 2-3　蜀宣花牛血缘图

二、体型外貌

蜀宣花牛体型中等，结构匀称，体质结实，肌肉发达。被毛光亮，毛色有黄白花和红白花，头部白色或有花斑，尾梢、四肢和腹部为白色，体躯有花斑。头大小适中，角向前上方伸展，照阳角，角、蹄蜡黄色为主，鼻镜肉色或有黑色斑点。体躯深宽，颈肩结合良好，背腰平直，后躯宽广；四肢端正，蹄质坚实。母牛头部清秀，乳房发育良好，结构均匀紧凑；公牛雄性特征明显，成年公牛略有肩峰。公、母牛的外貌见图 2-4~图 2-9。

图 2-4　蜀宣花牛头部

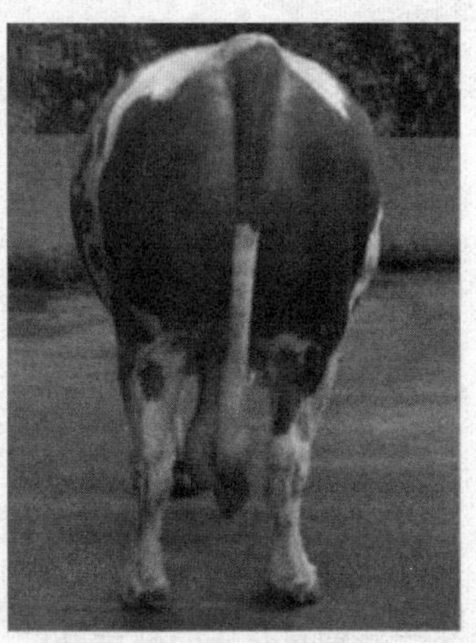

图 2-5　蜀宣花牛尾部

图 2-6　蜀宣花牛公牛（侧部）

图 2-7　蜀宣花牛母牛（头部）

图 2-8　蜀宣花牛母牛（尾部）

图 2-9　蜀宣花牛母牛（侧部）

对 1 006 头母牛的毛色、皮肤颜色、蹄质颜色及角型的调查分析表明，被毛颜色以黄白花和红白花为主，占 90. 16%；皮肤颜色以粉色和粉色有斑点为主，占 96. 92%；蹄质颜色以纯蜡黄色为主，占 86. 28%；角型以照阳角为主，占 93. 94%。

三、繁殖性能

（一）母牛繁殖性能

蜀宣花牛母牛初情期为 12~14 月龄，适配期为 16~20 月龄，发情周期平均为 21 d，妊娠期平均为 278 d。产犊间隔平均为 381. 5 d，难产率 0. 28%，双胎率 0. 28%，犊牛成活率 99. 26%。

1. 母牛受胎及产犊性能

对 2 157 个产犊胎次的分析表明（表 2-1），蜀宣花牛母牛的初配年龄在 16~20 月龄。在四川农区高温（低温）、高湿的自然气候和较粗放的饲养管理条件下，发情和产犊具有一定的季节性，其中以 9—12 月为最高，发情和产犊分别占全年的 43. 70% 和 53. 69%；其次为 1—4 月，发情和产犊分别占全年的 37. 00% 和 39. 04%；高温、高湿的 5—8 月份为最低，其发情和产犊分别占全年的 19. 30% 和 7. 33%。表 2-2 为母牛发情配种受孕情况，发情后第一情期配种受孕的 728 头次，占 33. 75%；第二情期配种受孕的 974 头次，占 45. 16 %；第三及以上情期受孕的 455 头次，占 21. 10%。

表 2-1　母牛不同自然月发情产犊情况分析

时间	1—4 月	5—8 月	9—12 月
发情/头次	798	416	943
产犊/头次	842	157	1 158

表 2-2　母牛发情受孕情况

项目	第一情期受孕	第二情期受孕	第三及以上情期受孕
头次	728	974	455
比例/%	33. 75	45. 16	21. 10

2. 母牛妊娠期和犊牛性别比例

在所调查的 1 076 头繁殖母牛的 2 157 个胎次中，共产犊牛 2 163 头。其中产公犊 1 102 头，占 50. 95%；产母犊 1 061 头，占 49. 05%；妊娠期平均为 278. 5 d。公母比为 1. 04∶1。

3. 母牛产犊间隔、难产率、双胎率及犊牛成活率

在所调查的 2 157 个产犊胎次中，产犊间隔平均为 381. 5 d（310~747 d）；其中难产 6 头，难产率为 0. 28%；产双胎 6 头，双胎率为 0. 28%；在所产的2 163 头犊牛中，死亡仅 16 头（包括死胎 3 头），犊牛成活率达 99. 26%。繁殖性能良好。

（二）公牛繁殖性能

蜀宣花牛公牛性成熟期为 10~12 月龄，初配年龄为 16~18 月龄。公牛射精量大，平均射精量为 5. 10 mL/次，原精活力 0. 65，冻精解冻后精子活力为 0. 35~0. 40，总受胎率达 85. 8%。

对采精公牛部分鲜精（表 2-3）的检测分析表明，公牛平均每次射精量为（5. 10±0. 30）mL，鲜精活力 0. 65，鲜精质量良好。开发的冻精经农业农村部牛冷冻精液质量监督检验测试中心（南京）检测，冻精质量符合国标 GB 4143—2022 要求，冻精解冻后精子活力可为 0. 35~0. 40（表 2-4）。

表 2-3　公牛原精生产情况

牛号	采精次数	采集精液量/mL	平均排精量/（mL · 次$^{-1}$）	原精活力
51106076	110	632	5. 75±1. 59	0. 65
51106077	277	1 465	5. 29±1. 22	0. 65

续表

牛号	采精次数	采集精液量/mL	平均排精量/(mL·次$^{-1}$)	原精活力
51106078	402	2 108. 8	5. 24±1. 15	0. 65
51106075	242	1 095. 5	4. 52±1. 02	0. 65
51106092	85	410	4. 84±0. 93	0. 65
51106093	126	649. 5	5. 15±1. 09	0. 65
51106096	109	531. 4	4. 88±1. 09	0. 65
平均	—	—	5. 10±0. 30	—

表 2-4　冻精质量农业部监测情况

牛号	解冻后活力	剂量/(mL·支$^{-1}$)	解冻后细菌数/(个·剂$^{-1}$)	解冻后精子畸形率/%	呈直线前进精子数/(万个·支$^{-1}$)
51106078	0. 38	0. 20	0	18. 0	1 296
51106077	0. 35	0. 19	4	9. 0	1 064
51106075	0. 35	0. 19	1	14. 0	1 135
51106093	0. 40	0. 19	17	15. 0	1 273
51106096	0. 35	0. 19	20	12. 0	1 396

四、生产性能

（一）产肉性能

在中等饲养条件下，采用控制饲养试验（170 d）育肥至18月龄，平均日增重1 135. 7 g，屠宰率58. 1%，净肉率48. 2%，眼肌面积96. 7 cm^2，表明蜀宣花牛生长快、肉用性能好。对17头育肥牛的肉质分析表明，蜀宣花牛牛肉的pH值、滴水损失、熟肉率、粗蛋白质含量、粗脂肪总量和氨基酸总量分别为6. 84、2. 71%、68. 33%、19. 98%、8. 84%和19. 22%，表明蜀宣花牛肉质较佳。

1. 体型指数和肉用指数

蜀宣花牛成年公牛的平均体长指数、胸围指数、体躯指数和骨指数分别为125. 72、147. 80、117. 56和16. 16，成年母牛分别为123. 32、147. 11、119. 29和14. 51，其中，体长指数、胸围指数和骨指数3个指标公牛均明显高于母牛，体躯指数母牛高于公牛。蜀宣花牛肉用指数公、母牛分别为5. 376 9和4. 072 5，低于国外专门化肉牛品种，但也明显高于国内几个比较有名的地方品种。根据不同经济类型的分类，专用型肉牛的肉用指数公、母牛分别>5.6 和>3.9，肉役兼用型牛的肉用指数公、母牛分别为 4.6~5.5 和 3.3~3.8，由此说明，蜀宣花牛的肉用指数介于专用型肉牛和肉役兼用型牛之间，具有良好的肉用性能。蜀宣花牛体型指数和肉用指数情况见表 2-5。

表 2-5　蜀宣花牛体型指数和肉用指数

组别	头次	胸围指数	体长指数	体躯指数	骨指数	肉用指数
公牛	4	147.80±4.23	125.72±3.75	117.56±4.11	16.16±0.61	5.376 9±0.32
母牛	799	147.11±4.12	123.32±3.47	119.29±4.04	14.51±0.57	4.072 5±0.302
公母平均	839	147.14±4.13	123.43±3.47	119.21±4.04	14.59±0.57	—

2. 育肥性能

蜀宣花牛公牛在中等饲养条件下采用控制饲养试验（170 d），育肥至 18 月龄时体重达 509.1 kg，日增重 1 135.7 g（表 2-6）。经屠宰测定，蜀宣花牛的屠宰率为 58.1%，净肉率为 48.2%，眼肌面积为 96.7 cm^2（表 2-7）。由此表明蜀宣花牛具有良好的肉用性能。

表 2-6　18 月龄育肥增重

测定头数	育肥始重/kg	出栏体重/kg	阶段增重/kg	日增重/g
20	316.0±27.1	509.1±39.9	193.1±26.77	1 135.7±157.0

表 2-7　蜀宣花牛屠宰性能

头数	宰前活重/kg	胴体重/kg	屠宰率/%	净肉重/%	净肉率/%	眼肌面积/cm^2
7	494.7±29.24	287.2±17.55	58.1±0.23	238.3±15.76	48.2±0.35	96.7±5.63

3. 牛肉品质

按照《中国肉牛屠宰试验方法》采取牛肉样品，送农业部食品质量监督检验测试中心（成都），采用凯氏定氮仪、氨基酸分析仪，分析测定了牛肉常规营养成分和氨基酸含量，蜀宣花牛牛肉的粗蛋白质、粗脂肪、粗灰分、钙、磷、氨基酸总量和肌苷酸含量分别为 19.98%、8.84%、0.90%、49.0 mg/kg、0.18%、19.22%和 0.91 mg/g（表 2-8）。由此表明蜀宣花牛的肉质良好。

表 2-8 蜀宣花牛肉品质分析

头数	粗蛋白质/%	粗脂肪/%	粗灰分/%	钙/($mg \cdot kg^{-1}$)	磷/%	氨基酸总量/%	肌苷酸含量/($mg \cdot g^{-1}$)
17	19. 98±0. 40	8. 84±1. 08	0. 90±0. 04	49. 0±6. 49	0. 18±0. 01	19. 22±0. 78	0. 91±0. 14

（二）泌乳性能

蜀宣花牛选育以泌乳性能为主要指标，蜀宣花牛母牛乳用性能优良。在中等饲养条件下，泌乳期平均为 297. 0 d，产奶量平均为 4 495. 4 kg，乳中干物质平均为 13. 1%，乳脂率平均为 4. 2%，乳蛋白平均为 3. 2%，非脂乳固体平均为 8. 9%。

1. 产奶量

对蜀宣花牛 2 355 个不同胎次的产奶量测定分析表明（表 2-9），蜀宣花牛在农户饲养管理条件下，表现出较高的泌乳性能和生产潜力。蜀宣花牛平均泌乳天数为 297. 0 d，泌乳期平均产奶量为 4 495. 4 kg，产奶量显著高于我国北方育成的草原红牛、新疆褐牛和三河牛。从不同泌乳胎次看，蜀宣花牛母牛的产奶量和泌乳天数均随着胎次的递增而增加，第 3~4 胎达到高峰，产奶量分别达到 5 273. 2 kg 和5 113. 9 kg，从第 5 胎开始，随着产犊胎次的递增，产奶量和泌乳天数均有所下降。

表 2-9 蜀宣花牛不同胎次的产奶量

胎次	头次	产奶量/kg	产奶天数/d
1	459	334. 6±63. 3	275. 1±22. 1
2	559	463. 5±735. 2	296. 2±14. 3
3	623	5 273. 2±974. 2	305±12. 3
4	44	5 113. 9±121. 5	304±18. 3
5	207	5 063±967. 3	304±12. 5
6~8	67	5 057±117. 1	303±1. 6
合计	2 355	4 495. 4±854. 6	297. 0±15. 8

2. 泌乳曲线

根据不同胎次各泌乳月平均产奶量绘制出蜀宣花牛的泌乳曲线。从不同泌乳月看，不同胎次的泌乳高峰期均为第 2 泌乳月，但不同胎次间有一定的差异，其中第 1 胎产犊后产奶量上升不太明显，达到高峰期后下降很快，高峰期维持时间短。

此后随着产犊胎次的递增，产奶量的提高，泌乳高峰也随之明显。泌乳高峰期的维持时间，以第3~4胎最长，第1胎最短。

3. 鲜乳成分

采用硫酸巴氏乳脂测定法（第1~3世代）和乳成分分析仪（第4世代），对蜀宣花牛的牛乳比重、干物质、乳脂肪、乳糖、乳蛋白、灰分及非脂固形物进行分析测定（表2-10），1~4世代牛乳的乳脂含量分别为4.6%、4.5%、4.5%和4.2%，随着世代的递增和产奶量的提高，乳脂含量有所下降。蜀宣花牛乳质良好，是开发高档或特色乳制品的优质原料。

对574头母牛的乳成分的全面分析结果表明，蜀宣花牛群体平均乳脂率均较高，不仅优于荷斯坦牛（乳脂率3.4%~3.7%），亦高于纯种西门塔尔牛、草原红牛、三河牛和新疆褐牛（分别为4.03%、4.13%、4.06%和3.54%）。

表2-10 蜀宣花牛乳营养成分

头数	牛乳比重	干物质/%	乳脂肪/%	乳蛋白/%	乳糖/%	非脂固形物/%	灰分/%
574	1.03±0.01	13.1±0.8	4.2±0.5	3.2±0.2	5.1±0.2	8.9±0.4	0.7±0.0

（三）生产性能比较

蜀宣花牛与亲本及同类型品种西门塔尔牛、三河牛、草原红牛等相比，在体重、产奶量、乳脂率、屠宰率、净肉率等经济性状方面，具有较好的生产性能（表2-11）。

表2-11 蜀宣花牛和同类品种的生产性能比较

指标	蜀宣花牛	蜀宣花牛亲本		同类型品种			
		西门塔尔牛	三河牛	新疆褐牛	草原红牛	德国黄牛	短角牛
成年公牛体重/kg	782.2	866.75±84.2	900~1 200	930.5	970.5	850~1 000	1 000~1 300
成年母牛体重/kg	522.1	524.49±45.5	550~750	578.9	451.9	485.5±47.8	650~800
平均胎次产奶量/kg	4 495.4	4 327.5±357.3	6 300（三胎以上）	5 105.8（混合胎次305 d）	2 897.6（三胎以上）	1 400~2 000	4 164（年产奶量）

续表

指标	蜀宣花牛	蜀宣花牛亲本		同类型品种			
		西门塔尔牛	三河牛	新疆褐牛	草原红牛	德国黄牛	短角牛
平均乳脂率/%	4.20	4.03	3.4~3.7	4.06	3.54	4.13	4.15
屠宰率/%	58.10	60.40±4.9（18~22月龄）	—	54.60（3岁阉牛）	42.9（18月龄阉牛）	56.96±1.86	63.7
净肉率/%	48.20	50.01±5.6	—	41.20（3岁阉牛）	31.5（18月龄阉牛）	46.63±1.62	56

注：除蜀宣花牛的数据外，其他品种牛数据引自《中国畜禽遗传资源志牛志》。

五、生物学特性

蜀宣花牛性情温顺，具有生长发育快，产奶和产肉性能较优，抗逆性强，耐湿热气候，耐粗饲，适应高温（低温）、高湿的自然气候及农区较粗放条件饲养等特点，深受各地群众欢迎。目前，已向育种区外的贵州、云南、重庆、河北、上海等10余个省区市和省内近20个市（州）推广母牛5万余头、公牛2 000余头。

【任务实施】

蜀宣花牛的实地调查

1. 目的要求

通过实地调查，更加熟悉蜀宣花牛的品种特性。

2. 材料准备

白纸、笔、电脑等。

3. 操作步骤

将学生分组，每组5~8人并选出组长，组长负责本组操作分工。小组成员到养殖场现场观察蜀宣花牛，拍摄蜀宣花牛的照片及向农场主询问牛的特性、繁殖性能和生产性能等。根据所学知识，以表格形式整理蜀宣花牛的体型外貌（附上照片）、特性及生产性能和繁殖性能。组长进行资料汇总，小组讨论修正后汇报成果。

4. 学习效果评价

序号	评价内容	评价标准	分数	评价方式
1	合作意识	有团队合作精神，积极与小组成员协作，共同完成学习任务	10	小组自评 20% 组间互评 30% 教师评价 30% 企业评价 20%
2	调查能力	调查内容多样且全面	40	
3	沟通精神	成员之间能沟通解决问题的思路	30	
4	记录与总结	完成任务，记录详细、清晰	20	
合计			100	100%

【任务反思】

1. 为什么要培育蜀宣花牛？
2. 与宣汉本地其他黄牛相比，蜀宣花牛的优势是什么？

任务三　国外优良牛品种

【任务目标】

知识目标：了解国外的肉用牛、乳用牛及兼用牛的优良品种。

技能目标：能够准确识别出国外优良牛品种。

【任务准备】

一、肉用牛品种

据估计，全世界有 60 多个专门化的肉牛品种，其中英国有 17 个，法国、意大利、美国、俄罗斯各 11 个。国外的肉牛品种，按体型大小和产肉性能，大致可分为下列三大类。

（一）中、小型早熟品种

主产于英国，如英国的海福特牛、短角牛、安格斯牛等。其特点是生长快、胴体脂肪多、皮下脂肪厚、体型较小。一般成年公牛体重 550~700 kg，母牛 400~500 kg。

1. 海福特牛

产地：原产于英国威尔士地区的海福特县及邻近诸县，是英国最古老的牛种之一。此牛中华人民共和国成立前后均有引进，其尤其适应北方的自然条件。

外貌特征：体躯宽深、前胸发达、肌肉肥满、四肢短、尻部丰满、呈长方形或矩形。分有角、无角两种。被毛暗红色，具有“六白”特征，即头、颈、垂、腹下、四肢下部及尾为白色，皮肤为橙黄色（图 2-10）。

图 2-10　海福特牛

生产性能：周岁牛 725 kg，日增重 1.4 kg，屠宰率为 60%~64%，经肥育后，可为 67%~70%，净肉率达 60%。肉质嫩、多汁、具有大理石纹。

2. 安格斯牛

产地：原产于英国的阿伯丁、安格斯和金卡丁等郡，全称为阿伯丁—安格斯牛，是英国最古老的肉牛品种之一。

外貌特征：无角，毛以黑色居多，也有红色。体格低矮，体质紧凑。体躯宽而深，呈圆筒形。四肢短而端正，全身肌肉丰满（图 2-11）。

图 2-11　安格斯牛

生产性能：具有良好的增重性能，日增重约为 1 000 g。早熟易肥，胴体品质和产肉性能均高。育肥牛屠宰率为 60%~65%。12 月龄性成熟，18~20 月龄可以初配。对环境适应性好，耐粗、耐寒，性情温和，易于管理。

（二）大型品种

产于欧洲大陆，原为役用牛，后转为肉用，如法国的夏洛来牛、利木赞牛，意大利的皮埃蒙特牛等。其特点是体格高大、肌肉发达、脂肪少、生长快，但较晚熟。成年公牛体重在 1 000 kg 以上，母牛在 700 kg 以上，成年母牛体高在 137 cm 以上。

1. 夏洛来牛

产地：著名的大型肉牛品种，原产于法国夏洛来及涅夫勒地区，最早为役用牛，经选育成为肉牛品种，以体型大、生长迅速、瘦肉多、饲料转化率高而著名。

外貌特征：全身乳白色、体大结实、肌肉发达、头小而短、尻部丰满（图 2-12）。

图 2-12　夏洛来牛

生产性能：以生长速度快，瘦肉产量高而著称。公犊平均日增重 1 000~1 200 g，母犊 1 000 g。12 月龄公牛体重达 525 kg，母牛 360 kg。屠宰率为 65%~70%，胴体产肉率为 80%~85%。用于改良中国黄牛，后代 12 月龄体重是本地黄牛公犊的 2. 6 倍，母犊的 3. 1 倍。母牛平均年产奶量为 1 700~1 800 kg，个别达到 2 700 kg，乳脂率为 4. 0%~4. 7%。

2. 利木赞牛

产地：原产于法国中部利木赞高原，为大型肉用品种。许多国家都有引进，我国于 1974 年引进，分布于中、北部地区诸省。

外貌特征：被毛红色或黄色，嘴、眼、腹下、四肢、尾部毛色较浅。体大骨细，全身肌肉丰满，四肢强健，尻部宽平（图 2-13）。

图 2-13　利木赞牛

生产性能：肉用性能好，生长快，尤其是幼年时期，8 月龄小牛就可以生产出具有大理石纹的牛肉。12 月龄体重可为 450~480 kg，平均日增重 1 000 g，屠宰率 68%~70%，牛肉品质好，瘦肉率高，可为 80%~85%。母牛产奶性能较好，年产奶 1 200 kg。目前，我国用此牛改良当地黄牛效果良好。

3. 皮埃蒙特牛

产地：原产于意大利北部皮埃蒙特地区，是在役用牛基础上选育而成的专门化肉用品种。20 世纪引入夏洛来牛杂交而含“双肌”基因。它是目前国际上公认的终端父本，已被世界 22 个国家引进，用于杂交改良。

外貌特征：该牛体型高大，体躯呈圆筒状，肌肉发达。毛色为乳白色或浅灰色。公牛肩胛毛色较深，黑眼圈；母牛的尾帚均呈黑色；犊牛幼龄时毛色为乳黄色，鼻镜黑色（图 2-14）。

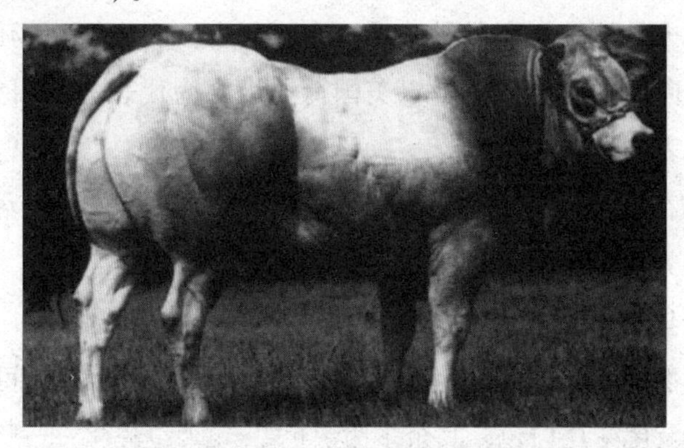

图 2-14　皮埃蒙特牛

生产性能：生长快，育肥期平均日增重1 500 g。肉用性能好，屠宰率为65%~70%，肉质细嫩，瘦肉含量高，胴体瘦肉率达84.13%。我国于1987年和1992年先后从意大利引进冻胚和冻精，育成公牛，采集精液供应全国，开展对中国黄牛的杂交改良工作。

(三) 兼用品种

多为乳肉兼用，主要品种有西门塔尔牛、瑞士褐牛和丹麦红牛。

二、乳用牛品种

1. 荷斯坦牛

荷斯坦牛原产于荷兰，又名黑白花牛。荷斯坦牛风土驯化能力强，大多数国家均能饲养。经各国长期的驯化及系统选育，育成了各具特征的荷斯坦牛，并冠以该国的国名，如美国荷斯坦牛、加拿大荷斯坦牛和中国荷斯坦牛等（图2-15）。

图2-15　荷斯坦牛

荷斯坦牛过去是纯乳用型品种，近一个世纪以来，由于市场的变化，各国对其进行了不同方向的选育，形成了以美国荷斯坦牛为代表的乳用型和以原产地荷兰荷斯坦牛为代表的乳肉兼用型。

(1) 乳用型荷斯坦牛

地域分布：美国、加拿大、日本、澳大利亚等国。

外貌特征：体格高大，结构匀称，皮薄骨细，皮下脂肪少。乳房特别庞大，乳静脉明显。后躯较前躯发达，呈楔形或三角形。色为黑白相间，额部有白星，腹下、四肢下部及尾帚尾白色，其余多为黑色。

生产性能：母牛年产奶量为6 500~7 500 kg，乳脂率为3.6%~3.7%。

（2）乳肉兼用型荷斯坦牛

地域分布：荷兰、德国、法国、丹麦、瑞典、挪威等国。

外貌特征：体格偏小，体躯宽深，乳静脉发达，乳房发育良好，略呈矩形；胸宽且深，背腰宽平，尻部方正，发育良好。四肢短而开张，肢势端正。

生产性能：平均产奶量低于乳用型荷斯坦牛，但乳脂率高于乳用型荷斯坦牛。产肉性能好，经肥育后屠宰率可为55%~60%。

2. 西门塔尔牛

产地：原产于瑞士阿尔卑斯山区的河谷地带，在世界各国分布很广。此牛原是瑞士的大型乳、肉、役三用品种，占总牛数的50%。其肉、奶性能并不比专门的肉用和乳用品种逊色。

外貌特征：毛色多为黄白花或淡红白花，头、胸、腹下、四肢、尾帚多为白色。后躯较前躯发达，中躯呈圆筒形。四肢强壮，蹄圆厚。乳房发额与颈上有卷曲毛，乳头粗大，乳静脉发育良好（图2-16）。

图2-16　西门塔尔牛

生产性能：肉、乳兼用性能均佳。平均产奶量4 000 kg以上，乳脂率4.0%。初生至12月龄日增重1.32 kg，肥育后屠宰率可达65%。与我国北方黄牛杂交，后代体格增大，生长加快，很受养殖户欢迎。

3. 丹麦红牛

产地：原产于丹麦，乳、肉兼用。世界各地均有分布。我国1984年引入，分别饲养在西北农林科技大学和吉林省畜牧兽医研究所，以乳脂率高、乳蛋白率高而著称。

外貌特征：全身被毛红色，鼻镜浅灰色至深褐色，蹄壳黑色，部分牛乳房或腹部有白斑毛。被毛软、短，光亮。体格较大，体躯方正深长，背腰平直，四肢粗壮结实。乳房发达而匀称，乳头长（图 2-17）。

图 2-17　丹麦红牛

生产性能：具有较好的乳用性能。平均产奶量为 7 316 kg，乳脂率 4. 16%，乳蛋白含量 3. 57%；高产群平均产奶量为 9 533 kg，乳脂率 4. 53%，乳蛋白含量 3. 55%。在良好的肥育条件下，12~16 月龄小公牛平均日增重可达 1. 01 kg，屠宰率 57%。该品种平均屠宰率为 54%。

改良本地黄牛效果明显，产奶量比秦川牛高 2~3 倍，产肉性能也有明显提高。

【任务实施】

认识国外的优良牛品种

1. 目的要求

学会根据体型外貌准确识别出国外的优良牛品种，并说出其特性。

2. 材料准备

白纸、笔、电脑等。

3. 操作步骤

将学生分组，每组 5~8 人并选出组长，组长负责本组操作分工。小组成员通过网络、书籍等查询资料。根据所学知识，以表格形式整理国外优良牛品种的图片、体型外貌以及特性。组长进行资料汇总，小组讨论修正后汇报成果。

4. 学习效果评价

序号	评价内容	评价标准	分数	评价方式
1	合作意识	有团队合作精神，积极与小组成员协作，共同完成学习任务	10	小组自评 20% 组间互评 30% 教师评价 30% 企业评价 20%
2	调查能力	调查内容多样且全面	40	
3	沟通精神	成员之间能沟通解决问题的思路	30	
4	记录与总结	完成任务，记录详细、清晰	20	
合计			100	100%

【任务反思】

1. 国外优良牛品种有哪些优势？

2. 相比于国外优良牛品种，蜀宣花牛有哪些优势和不足？

任务四　中国黄牛和乳牛品种

【任务目标】

知识目标：1. 了解中国黄牛的品种和特性。

　　　　　2. 了解中国乳牛的品种和特性。

技能目标：能够准确识别中国黄牛和乳牛的品种。

【任务准备】

一、中国黄牛品种

1. 秦川牛

产地与分布：因产于陕西省关中地区的“八百里秦川”而得名，主要产地包括渭南、临潼、蒲城、富平、大荔、咸阳、兴平、乾县、礼泉、泾阳、三原、武功、扶风、岐山等 15 个县市区。

外貌特征：角短而钝，多向外下方或向后稍弯。毛色有紫红色、红色、黄色 3 种，以紫红色和红色居多。鼻镜多呈肉红色，蹄壳分红、黑和红黑相间 3 色（图 2-18）。

图 2-18　秦川牛

生产性能：在中等饲养条件下，18 月龄平均屠宰率为 58.3%，净肉率为 50.5%。母牛年平均产奶量为 715.8 kg，乳脂率为 4.70%。

2. 南阳牛

产地与分布：产于河南南阳白河和唐河流域的广大平原地区，以南阳市郊区、南阳县、唐河县为主，宛城、卧龙、新野、镇平、社旗、方城等县市区为中心产区。

外貌特征：公牛角基粗，以萝卜头角为主，母牛角细。鬐甲较高，公牛肩峰 8~9 cm。有黄、红、草白 3 种毛色。鼻镜多为肉红色，其中部分带有黑点。蹄壳以黄蜡色、琥珀色带血筋较多（图 2-19）。

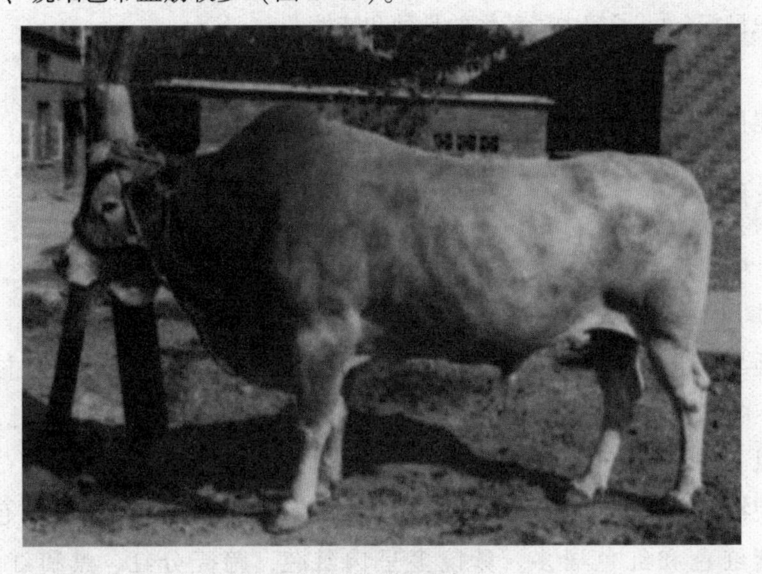

图 2-19　南阳牛

生产性能：公牛育肥后，17 月龄平均体重可达 441.7 kg，日增重 813 g，屠宰率为 55.6%。3~5 岁阉牛经强度育肥，屠宰率可达 64.5%，净肉率达 56.8%。母牛产乳量 600~800 kg，乳脂率为 4.5%~7.5%。

3. 鲁西牛

产地与分布：主要产于山东西南部，以菏泽市的郓城、巨野和济宁地区的嘉祥、金乡、汶上等县为中心产区。

外貌特征：公牛多平角或龙门角；母牛角形多样，以龙门角较多。被毛以浅黄色最多，多数牛有完全或不完全的“三粉”特征（图 2-20）。

图 2-20　鲁西牛

生产性能：12~18 月龄牛平均日增重为 610 g，屠宰率为 53%~55%，净肉率 47%左右。母牛性成熟早，一般 10~12 月龄开始发情，母牛初配年龄多在 18~24 月龄，终生可产犊 7~8 头，最高可达 15 头。

4. 晋南牛

产地与分布：产于山西省晋南盆地，包括万荣、河津、永济、运城、夏县、闻喜、芮城、临猗、新绛、侯马、曲沃、襄汾等县市，万荣、河津和临猗 3 地的数量最多，质量最好。

外貌特征：公牛颈较粗短，顺风角，肩峰不明显。蹄大而圆，质地致密，毛色以枣红色为主，鼻镜粉红色。成年公牛平均体重 607 kg，体高 139 cm；母牛平均体重339 kg，体高 117 cm（图 2-21）。

图 2-21　晋南牛

生产性能：成年公牛育肥后屠宰率可达 52.3%，净肉率为 43.4%。母牛平均产奶量为 745.1 kg，乳脂率为 5.5%~6.1%；9~10 月龄开始发情，24 月龄配种，终生产犊 7~9 头。

5. 延边牛

产地与分布：主要产于吉林省延边朝鲜族自治州的延吉、和龙、汪清、珲春及毗邻各县。分布于黑龙江省的牡丹江、松花江、合江三个地区，辽宁省宽甸县沿鸭绿江一带朝鲜族聚居的水田地区。

外貌特征：延边牛属寒温带山区的役肉兼用品种。适应性强，胸部深宽，骨骼坚实，被毛长而密，皮厚而有弹力。公牛头方额宽，角基粗大，多向外后方伸展成一字形或倒八字形，颈厚而隆起。母牛头大小适中，角细而长，多为龙门角，乳房发育较好。毛色多呈浓淡不同的黄色，黄色占 74.8%，浓黄色占 16.3%，淡黄色占 6.79%，其他毛色占 2.2%。鼻镜一般呈淡褐色，带有黑斑点（图 2-22）。

图 2-22　延边牛

生产性能：延边牛自18月龄育肥6个月，日增重为813 g，胴体重265. 8 kg，屠宰率为57. 7%，净肉率为47. 23%，大理石纹明显。眼肌面积75. 8 cm^2。母牛初情期为8~9月龄，性成熟期平均为13月龄；母牛发情周期平均为20. 5 d，发情持续期12~36 h，平均20 h。公牛终年发情，7—8月为旺季。常规初配时间为20~24月龄。

二、中国荷斯坦牛

中国荷斯坦牛是利用从不同国家引入的纯种荷斯坦牛与我国当地黄牛杂交，并用纯种荷斯坦牛级进杂交相互横交固定，后代自群繁育，经长期选育而培育成的优质奶牛品种。

分布：中国荷斯坦牛现已遍布全国，品质在不断提高，表现出良好的环境适应性和较高的生产性能。

外貌特征：该牛毛色同荷斯坦牛。由于各地引用的荷斯坦公牛和本地母牛类型不同，以及饲养环境的差异，中国荷斯坦牛的体格不够一致，就其体型而言：北方荷斯坦牛体格较大，成年公牛体高155 cm，体重1 100 kg；成年母牛体高135 cm，体重600 kg。南方荷斯坦牛体型偏小，成年母牛体高132. 3 cm，体重585. 5 kg（图2-23）。

图2-23　荷斯坦牛

【任务实施】

一、认识中国的黄牛和乳牛品种

1. 目的要求

学会根据体型外貌准确识别出中国的黄牛和乳牛品种。

2. 材料准备

白纸、笔、电脑等。

3. 操作步骤

将学生分组，每组 5~8 人并选出组长，组长负责本组操作分工。小组成员通过网络、书籍等查询资料。根据所学知识，以表格形式整理中国黄牛和乳牛的图片、外貌特征。组长进行资料汇总，小组讨论修正后汇报成果。

4. 学习效果评价

序号	评价内容	评价标准	分数	评价方式
1	合作意识	有团队合作精神，积极与小组成员协作，共同完成学习任务	10	小组自评 20% 组间互评 30% 教师评价 30% 企业评价 20%
2	调查能力	调查内容多样且全面	40	
3	沟通精神	成员之间能沟通解决问题的思路	30	
4	记录与总结	完成任务，记录详细、清晰	20	
合计			100	100%

二、中国荷斯坦牛和国外荷斯坦牛的相同和不同点的汇总

1. 目的要求

通过查询资料，更加了解中国荷斯坦牛和国外荷斯坦牛。

2. 材料准备

白纸、笔、电脑等。

3. 操作步骤

将学生分组，每组 5~8 人并选出组长，组长负责本组操作分工。小组成员通过网络、书籍等查询资料。根据所学知识，以表格形式整理中国荷斯坦牛和国外荷斯坦牛体型外貌特征、生产性能等方面的相同点和不同点。组长进行资料汇总，小组讨论修正后汇报成果。

4. 学习效果评价

序号	评价内容	评价标准	分数	评价方式
1	合作意识	有团队合作精神，积极与小组成员协作，共同完成学习任务	10	小组自评 20% 组间互评 30% 教师评价 30% 企业评价 20%
2	调查能力	调查内容多样且全面	40	
3	沟通精神	成员之间能沟通解决问题的思路	30	
4	记录与总结	完成任务，记录详细、清晰	20	
合计			100	100%

【任务反思】

1. 中国黄牛不同品种的优势和不足有哪些?
2. 中国乳牛不同品种的优势和不足有哪些?
3. 中国荷斯坦牛和国外荷斯坦牛的区别和原因?

任务五　牛的生物学特性

【任务目标】

知识目标：1. 了解牛的生活习性。

2. 熟练掌握牛的食性和消化特点、繁殖特点。

3. 了解牛的适应性和抗病性。

技能目标：能够做好牛场的饲养管理。

【任务准备】

牛的生物学特性包括适应性、采食习性、繁殖性能、外形特征、生长发育特性等。

一、生活习性

1. 睡眠时间短

牛的睡眠时间短，每天一般睡眠 1~1.5 h，因此要注意夜间补饲，使其有充分的时间采食和反刍。

2. 群居性强

牛的原始祖先适应自然的能力不强，只有通过群居，利用群体的力量才能赢得生存环境，这决定了牛性格温驯，合群性较强，适宜群饲群养。

3. 视觉、听觉、嗅觉灵敏，记忆力强

在散养放牧时，母子通常通过相互听叫声、相互嗅气味等辨认。公牛主要由视觉、听觉、嗅觉产生性行为，常嗅母牛外阴及其阴道分泌物等。

二、食性和消化特点

1. 采食量大，采食速度快

牛的消化道容积大，是多室胃家畜。成年牛的瘤胃容积占胃总容积的80%左右，具有大量贮藏、加工和发酵饲料的特殊功能，这决定了牛的采食量很大。

牛的原始祖先由于攻击能力低，为了逃避敌害进攻，增强生存能力，多昼伏夜出，采食时狼吞虎咽，不经过充分咀嚼就匆匆吞咽，到静谧、安全的地方再慢慢咀嚼，漫长的岁月就进化形成反刍的生理特点，这就决定了牛采食速度快，一般食物不经过细细咀嚼就进入瘤胃。

牛的舌面粗糙，长有许多尖端朝后的角质化刺状物，食物一旦被舌卷入口中较难吐出，因此其常因误吞铁钉、铁针等异物造成胃和心包膜创伤，故给牛备料时应避免铁丝及尖锐物混入草料。

2. 消化特点

牛的消化特点是通过反刍反复咀嚼。牛在采食时，饲料没有充分咀嚼就匆匆吞咽进入瘤胃，通过瘤胃内微生物发酵、浸泡和软化，休息时返回口腔反复咀嚼再咽回瘤胃，并循环往复多次，这种生理过程称为反刍。反刍的生理特征决定了牛的耐粗性，能采食大量粗饲料，同时对饲料的蛋白质和维生素的搭配不用特殊考虑。

饲料在瘤胃内经微生物发酵，不断产生大量气体，这些气体通过食管向外排出称为嗳气。牛在过度劳累、患病，或使用麻醉剂和胆碱抑制瘤胃运动等情况下，容易导致反刍迟缓或停止，致使瘤胃内气体越积越多，出现瘤胃鼓胀，因此要注意牛的休息，使其保持正常的反刍、嗳气具有重要的生理意义。

三、繁殖特点

牛是单胎动物，繁育中表现为孪生异性母犊不育。由于胎衣与母牛子宫壁有子宫叶阜连接，产犊后容易出现胎衣不下，需适时实施胎衣剥离并消炎，保证生殖健康。

四、适应性与抗病性

1. 抗病性

1999—2008 年，相关部门连续 10 年在四川省达州市宣汉县胡家、毛坝、普光、大成、塔河 5 个乡镇，对 70 071 头次中国蜀宣花牛和 20 720 头次中国荷斯坦牛的疾病发生情况进行了区域性随机抽查。抽查表明，蜀宣花牛正常年度各种疾病的发病率为 6%~12%，中国荷斯坦牛正常年度各种疾病发病率为 15%~23%，蜀宣花牛表现出良好的抗病性。

在蜀宣花牛发生的 6 925 次病例中，消化系统疾病、呼吸系统疾病、产科疾病是蜀宣花牛主要发生的疾病，见表 2-12。

表 2-12　疾病分类表

疾病分类	消化系统疾病	呼吸系统疾病	产科疾病	外科疾病	寄生虫病	中毒病	传染病	其他疾病	合计
病例数	1 842	1 560	2 196	96	496	58	528	149	6 925
比例/%	26.6	22.5	31.7	1.4	7.2	0.8	7.6	2.2	100

2. 适应性

蜀宣花牛在农村粗放饲养条件下，经过长期的人工选择和培育，表现出采食能力强、耐粗饲、易管理等优良特性。在大巴山自然环境条件下培育的蜀宣花牛，中试应用到河北、贵州、云南、重庆、福建、上海等 10 余个省区市和四川省内 20 个市（州），性能表现良好，在重庆、福建饲养，育肥肉牛日增重可在 1 200 g 以上，表现出抗病力强、耐粗饲的特征。在四川的甘孜藏族自治州、阿坝藏族羌族自治州、凉山彝族自治州，以及西藏自治区等海拔 3 000 m 左右的高寒地区生长发育和繁殖正常，表现出良好的适应性。

【任务实施】

牛反刍行为的观察

1. 目的要求

观察牛的反刍行为，掌握牛的食性和消化特点。

2. 材料准备

白纸、笔、电脑等。

3. 操作步骤

教师将学生分组，每组 5~8 人并选出组长，组长负责本组操作分工。小组成员到养殖场现场观察牛的反刍行为，记录牛的食物、1 h 反刍摄入的食团数等，根据所学知识，思考牛的食性及牛消化食物的特点。组长进行资料汇总，小组讨论修正后汇报成果。

4. 学习效果评价

序号	评价内容	评价标准	分数	评价方式
1	合作意识	有团队合作精神，积极与小组成员协作，共同完成学习任务	10	小组自评 20% 组间互评 30% 教师评价 30% 企业评价 20%
2	调查能力	调查内容多样且全面	40	
3	沟通精神	成员之间能沟通解决问题的思路	30	
4	记录与总结	完成任务，记录详细、清晰	20	
合计			100	100%

【任务反思】

1. 牛为什么吃草？
2. 牛为什么反刍？怎么反刍？
3. 牛为什么耐寒怕热？

项目测试

一、单项选择题（将正确的选项填在括号内）

1. 宣汉黄牛体躯紧凑细致，被毛细而稀短，毛色以全身（　　）为主。

A. 白色　　B. 黄毛　　C. 花白　　D. 黑色

2. 宣汉黄牛发情周期平均为（　　）d。

A. 18　　B. 20　　C. 22　　D. 28

3. 蜀宣花牛母牛的适配年龄在（　　）月龄。

A. 1~4　　B. 9~12　　C. 12~20　　D. 16~20

4. 蜀宣花牛泌乳高峰期的维持时间，以第（　　）胎为最长。

A. 1　　B. 2　　C. 3~4　　D. 5~6

5. 原产于荷兰，又名黑白花牛的是（　　）

A. 荷斯坦牛　　B. 夏洛来牛　　C. 延边牛　　D. 安格斯牛

二、多项选择题（将正确的选项填在括号内）

1. 宣汉黄牛具有（　　）的优良特性。

A. 性情温驯　　B. 肉质细嫩　　C. 产奶量高　　D. 产肉量高

2. 夏洛来牛以（　　）而著名。

A. 体型大　　B. 瘦肉多　　C. 生长迅速　　D. 饲料转化率高

3. 下列属于国外优良大型肉用牛品种的是（　　）。

A. 夏洛来牛　　B. 海福特牛　　C. 利木赞牛　　D. 皮埃蒙特牛

4. 下列属于中国优良黄牛品种的是（　）。

A. 秦川牛　　B. 晋南牛　　C. 鲁西牛　　D. 南阳牛

5. 下列属于牛的生活习性的是（　　）。

A. 群居性强　　B. 视觉、听觉、嗅觉灵敏

C. 睡眠时间短　　D. 记忆力强

三、判断题（正确的在括号里打 A，错误的在括号里打 B）

（　　）1. 宣汉黄牛角形以角尖向上向前弯曲的照阳角为主。

（　　）2. 宣汉黄牛一般两年产犊 2 头，犊牛成活率为 98%。

（　　）3. 蜀宣花牛成年公牛略有肩峰。

（　　）4. 蜀宣花牛公牛性成熟期为 8~12 月龄，初配年龄为 16~18 月龄。

（　　）5. 牛的生物学特性包括适应性、采食习性、繁殖性能、外形特征、生长发育特性等。

（桂　成　廖小英）

项目三　蜀宣花牛生产技术

项目导入

蜀宣花牛因养殖市场相对稳定、养殖风险系数小、个体的抗病能力较强、肉牛养殖呈稳步发展趋势，而受到广大养殖者的青睐。要想获得最佳的蜀宣花牛养殖经济效益，需要掌握科学的蜀宣花牛养殖技术。本项目通过阐述饲草生产和加工，蜀宣花牛繁殖技术及饲养管理技术，达到科学养殖，提高养牛业的生产效率和经济效益的目的。

本项目有5个学习任务：（1）饲草生产和加工；（2）蜀宣花牛的繁殖技术；（3）蜀宣花牛犊牛饲养管理；（4）蜀宣花牛成年牛饲养管理；（5）肉用蜀宣花牛的育肥饲养管理。

任务一　饲草生产及加工

【任务目标】

知识目标：1. 了解饲草及饲料作物的概念。

2. 了解主要饲草品种。

3. 掌握饲料的概念及分类。

4. 农作物秸秆加工利用。

技能目标：能够对秸秆饲料进行氨化和碱化处理。

【任务准备】

一、饲草种植

（一）饲草与饲料作物的概念

饲草：广义上泛指可用于饲喂家畜的草类植物，包括草本、藤本、小灌木、半灌木和灌木等栽培或野生植物。狭义上仅指可供栽培的饲用草本植物。多以牧草称之。

饲料作物：指可栽培作为家畜饲用的作物，如玉米、高粱、燕麦、甜菜等。

实际上，饲草与饲料作物在概念上常常难以分清，我国习惯上有此划分，但可以统称为饲用作物。目前可供栽培的牧草及绿肥植物有400余种。

（二）饲草料来源

1. 天然草场

天然草场是指以天然草本植物为主，未经改良，用于畜牧业的草地，包括以牧为主的疏林草地、灌丛草地。多年来由于森林覆盖率的增大，草群的植物种类正逐渐减少，高度变低，覆盖度变小，结构简单。

2. 人工种草

人工草地是指采用农业技术措施栽培而成的草地。人工种草产量高，品质稳定，通过规模化种植、加工调制和贮存，可以持续满足牲畜养殖的需要。

3. 农作物副产品

种植业中所产生的农作物副产品，如红薯藤、稻草、玉米、高粱、小麦、油菜、豆类秸秆等，经过加工处理是草食牲畜的饲料来源之一。

（三）饲草的分类

饲草类型可按不同分类方法进行划分，目前生产上利用的饲草，大致有以下4种分类方法。

1. 按分类系统划分

这种分类方法是依据瑞典植物学家林耐确立的双名法植物分类系统而进行的一种划分，将牧草分成禾本科牧草、豆科牧草和杂类牧草三大类。例如豆科牧草有紫花苜蓿、白三叶、红三叶、光叶紫花苕、箭筈豌豆等，禾本科牧草有多年生黑麦草、甜象草、高丹草、苏丹草、玉米、高粱、燕麦、鸭茅等，杂类牧草有苦荬菜、籽粒苋、甜菜等。

2. 按生育特性划分

根据其生长发育中在形态、生长习性和利用特性上的差异划分。按牧草寿命和发育速度的不同可分一年生牧草、二年生牧草和多年生牧草。例如一年生牧草有高丹草、苏丹草、玉米、燕麦等，二年生牧草有草木樨、甜菜等，多年生牧草有甜象草、鸭茅、白三叶等。

3. 按再生性划分

根据再生性可将牧草分为放牧型牧草、刈割型牧草、牧刈型牧草。放牧型牧草有草地早熟禾、紫羊茅等，刈割型牧草有高丹草、苏丹草、甜象草等，牧刈型牧草有垂穗披碱草、苜蓿、白三叶等。

4. 按分布区域划分

依据地球气候带划分可知，牧草仅在温带和热带地区分布。温带牧草表现出明显的季节性，生产上利用的牧草大多数属于此类。依据我国区域气候特点和地理分布特点，可将牧草分为冷地型、暖地型及过渡带型三类，这种划分方法多用于草坪上。

（四）饲草种植

1. 饲草种植模式

（1）稻田种草：在水稻收割前后，免耕或浅耕，播种多花黑麦草、紫云英，其间可多次收割利用。收割后施追肥，利用时间可到次年5月。

（2）果草间作：利用果树之间的间隙地种植植株相对较矮的牧草，如黑麦草、三叶草、鸭茅、苇状羊茅、紫花苜蓿等。

（3）林间种草：此种模式便于放牧，利用稀疏的林间地混播种植多年生牧草，如将白三叶、紫花苜蓿、川东鸭茅、苇状羊茅进行混播。

（4）良田种植：为了获得丰富的青绿饲料和青贮饲料原料，利用良田良地种植高产优质牧草，如黑麦草、高丹草、甜象草、桂牧一号、皇竹草等。

（5）四边地种草：利用田边底角，房前屋后，河流、溪沟两岸的闲置土地种草，如可种植三叶草、紫花苜蓿、川东鸭茅、苇状羊茅、高丹草、甜象草、桂牧一号、皇竹草。

2. 饲草种植方式

（1）单播：一个品种单独进行种植。

（2）混播：几个品种按一定比例进行混合种植。

（3）间作套种：同一地块内成行相互间隔地种植两种或两种以上作物。

（4）轮作：在同一块土地上先种植一个品种、收获后立即种植另一个品种。

3. 饲草品种选择

种草养牛，是我国广大农区种植业结构调整和农民致富增收的亮点，也是大力发展草业和牧业的重要举措。牛是草食家畜，优质的饲草料是发展养牛业的物质基础。随着我国养牛业的规模化、产业化发展，对优质饲草的需求量也越来越大。人工种植的饲草营养成分全面、产量高、适口性好，可为养牛业的持续发展提供充足、质优的饲草，具有较好的经济效益、生态效益、社会效益。因此人工种草的意义重大，现已成为广大养殖户关注的热点。

我国饲草品种资源丰富，可根据饲养家畜种类及当地实际情况，因地制宜选择饲草品种进行种植。

4. 饲草播种时期

一般分为春播和秋播，高海拔地区则主要是春播。

（1）春播：时间为 3 月下旬到 5 月下旬，可种植苏丹草、墨西哥玉米、饲用青贮玉米、扁穗牛鞭草、籽粒苋。

（2）秋播：时间为 8 月中旬到 11 月上旬，可种植多花黑麦草、三叶草、紫花苜蓿、鸭茅、光叶紫花苕、苦荬菜、苇状羊茅等。

（3）高大植物牧草：甜象草、桂牧一号、皇竹草、杂交狼尾草可在 3—9 月进行扦插移栽。

二、几种主要饲草品种

1. 紫花苜蓿

紫花苜蓿（图 3-1），原名紫苜蓿，又名苜蓿，是豆科苜蓿属多年生草本植物。由于其具有蛋白质含量高、产量高、品质好等优点，被称为“牧草之王”。其

图 3-1　紫花苜蓿

适应性强，喜温暖半干燥气候，喜光，耐干旱，抗寒，适宜的生长温度为20~25℃，种子在5~6℃即能发芽；对土壤要求不高，从粗沙土到轻黏土皆能生长，以排水良好、土层深厚、富含钙质土壤为好，耐盐力较强，略耐碱，不耐酸，最适宜的土壤pH值为7~9。

（1）整地与施肥：选择地势平坦、排水良好、土层深厚、中性或微碱性的壤土，深翻30 cm，每亩施2 000 kg有机肥、50 kg钙镁磷肥作基肥。

（2）播种：适宜春播和秋播。播种前要接种根瘤菌（每千克种子5 g菌剂）或使用包衣种子，采取条播、撒播。可与黑麦草、鸭茅等禾本科牧草混播，不仅可以提高产量，还能预防瘤胃臌气。混播时，紫花苜蓿亩播种量为0.5 kg，禾本科牧草为0.75~1.00 kg。

（3）利用：苜蓿生长期为6~8年，鲜草利用时间为6—9月，一般年可刈割3~4次。紫花苜蓿是一种非常优良的植物性蛋白饲料原料，营养丰富，干物质中粗蛋白质含量占18%~26%，矿物质中钙、磷和各种维生素含量丰富，可直接青饲或制作干草料、青贮饲料。

2. 白三叶

白三叶（图3-2），又名白车轴草，为豆科三叶草属多年生草本植物，是世界上分布最广、栽培最多的牧草之一。其喜温暖湿润气候，生长最适温度为19~24℃，较耐寒和耐热，最适于年降水量800~1 200 mm的地区生长；耐荫蔽，适合于果园套种、林地和护坡绿化种植；具有匍匐茎，侧根发达，再生性与侵占性强，耐刈割；对土壤要求不高，适应能力较强，耐瘠、耐酸不耐盐碱，最适pH值为5.6~7.0，在排水良好、富含钙质及腐殖质的黏质土壤生长较好。

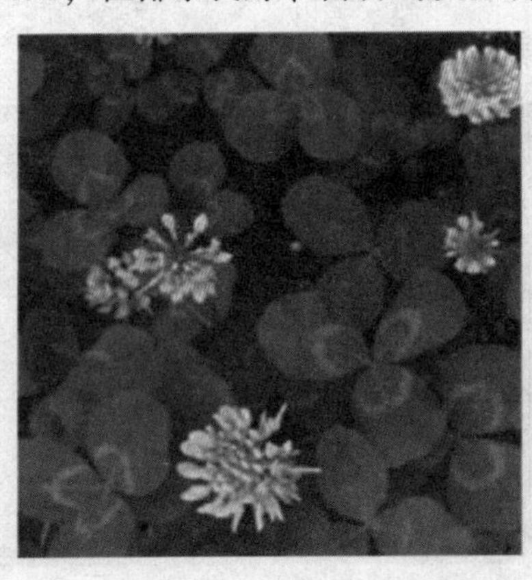

图3-2 白三叶

（1）整地与施肥：白三叶种子细小，播种前需清除杂草、精细整地，土壤黏重、降水量多的地区应开沟做畦以利排水。每亩地施 1 500~2 000 kg 有机肥和 20~30 kg 磷肥作基肥。

（2）播种：春、秋季均可播种，南方以秋播为宜。春播在 3—4 月，秋播宜在 9—10 月，每亩用种量为 0. 50~0. 75 kg。新种植区，要用白三叶的菌土或特制菌剂拌种来接种根瘤菌，生产上为提高草地产草量、品质及稳定性，常将白三叶与鸭茅、多年生黑麦草、草地早熟禾等禾本科牧草按 1：（2~3）比例混播。

（3）利用：白三叶可生长 7~8 年，在南方供草季节为 4—11 月。其营养价值高，适口性好，干物质消化率为 75%~80%，开花期干物质中粗蛋白质含量高，是牛的优质饲草。白三叶匍匐生长，耐践踏，最适合于放牧，还可刈割后青饲，或与禾本科牧草混合调制成优质青贮饲料和干草。青饲时要控制喂量，最好与禾本科牧草搭配饲喂，防止发生瘤胃臌气。

3. 黑麦草

黑麦草是禾本科黑麦草属植物，是重要的栽培牧草和绿肥作物。其中多花黑麦草（一年生）和多年生黑麦草是具有经济价值的栽培牧草。

（1）多花黑麦草：又名意大利黑麦草、一年生黑麦草，是禾本科黑麦草属一年生或越年生植物。性喜温暖湿润气候，夜昼温度在 12~27℃时生长最快，最宜壤土或黏壤土，最适 pH 值为 6~7，肥水要求高，尤其应重视氮肥的供应（图 3-3）。

图 3-3 多花黑麦草

①整地与施肥：在肥沃地、退化地均可种植，每亩施1 500~2 000 kg 腐熟农家肥作基肥，耕深 20 cm，耙平压碎。

②播种：春、秋季均可播种，长江以南地区以 9 月中旬至 10 月上旬播种最佳。可与水稻、玉米、高粱等轮作，与白三叶、红三叶、紫云英等豆科牧草混播，不

仅可提高产量和质量，还可增加地力。

③田间管理：苗期及时除杂草 1~2 次，注意防治害虫。每次刈割后施尿素 6~8 kg，或碳酸氢铵 12 kg 左右。

④利用：供青期从每年 12 月至次年 5 月。多花黑麦草的产量高，草质好，营养价值高，适口性好，是禾本科牧草中的优良牧草，可用作青饲、晒制干草或青贮，更适于放牧。

（2）多年生黑麦草：多年生黑麦草喜温暖湿润气候，适宜在夏季凉爽，冬无严寒，年降水量 800~1 500 mm 的地区生长；生长最适温度为 20~25℃，耐热性差，10℃时也能较好生长；在肥沃、湿润、排水良好的壤土和黏土上生长良好，也可在微酸性土壤上生长，适宜土壤 pH 值为 6~7；生育期 100~110 d，全年生长天数 250 d 左右（图 3-4）。

图 3-4　多年生黑麦草

①整地与施肥：平坦、水分充足、富含有机质的土壤最适宜种植，每亩施 1 000~1 500 kg 有机肥，15~20 kg 过磷酸钙作基肥，然后翻耕，耕深 18 cm，耙平压碎，备用。

②播种：可春播或秋播，最适宜秋播。春播以 3 月上旬至 4 月下旬为宜，秋播以 9 月上旬至 10 月下旬为宜。为提高产量和品质，可与苜蓿、三叶草等豆科牧草混播。

③田间管理：苗期及时除杂草，分蘖、拔节和抽穗期适时灌溉可提高产量。每次刈割后每亩追施尿素 10~15 kg。

④利用：利用年限 4~5 年，供青期每年 12 月至次年 5 月，适于青饲、晒制干草、青贮及放牧利用。

4. 甜象草

甜象草（图 3-5）属于禾本科狼尾草属植物，是热带和亚热带地区广泛栽培的一种新型高蛋白高产牧草，具有适应性强、繁殖快、产量高、质量好、利用期长等特点，每年可收割 4~5 次，每亩产量 10 t 左右，最高可达 30 t，是中国南方诸省饲养畜禽的重要青绿饲料，种植一年可以连续采收 7~8 年。甜象草在气温 5℃以下时停止生长，8～10℃时生长受抑制，12～14℃时开始生长，23～35℃时生长迅速。

图 3-5　甜象草

（1）整地与施肥：甜象草好高温，喜水肥，不耐涝。种植前就深耕，清除杂草、石块等物，垄间开沟，便于排水。每亩施足农家肥 3 000 kg 或复合肥 100 kg。

（2）播种：甜象草适宜无性繁殖，一般采用成熟的甜象草茎节为种苗，可采用茎节扦插或根茎分株移栽方式。2-3 月育苗要盖好塑料薄膜，保证地温在 15℃以上。株行距为 60 cm×80 cm 或 50 cm×90 cm。

（3）田间管理：甜象草产草量高，需水肥量大，应及时中耕除草及浇水追肥，在基肥施足的前提下还须适时多次追肥，以促使植株早分蘖、多分蘖，加速生长。在霜冻期较长的地区，可培土保蔸、加盖干草或塑料薄膜越冬。

（4）利用：甜象草主要用于青饲。作草食动物青饲料时，可在植株长到 70~100 cm 时刈割利用。也可作青贮，植株 2. 8~3. 5 m 时收获，进行青贮加工，增加饲料均衡供给。

5. 杂交狼尾草

杂交狼尾草（图 3-6）为禾本科狼尾草属多年生草本植物，是以甜象草为父本和美洲狼尾草为母本的杂交种。其具有产量高、品质优、适口性好、抗性广及耐刈割等特点，已成为我国草食性畜禽和鱼类的良好饲料来源，是一种种植潜力、社会效益、经济效益均较大的草种。生产上通常用无性繁殖。性喜温暖湿润气候，抗倒伏、抗旱、耐湿、耐酸性强、无病虫害。

图 3-6　杂交狼尾草

（1）整地与施肥：杂交狼尾草根系发达，因此以土层深厚、排水良好的壤土为宜，深翻耕 30 cm。结合整地每亩使用优质有机肥 1 500 kg，缺磷的土壤，亩施 15~20 kg 过磷酸钙作基肥。

（2）播种或移栽：当气温在 15℃以上时即可种植，通常采用无性繁殖，取上一年经冬季保种茎秆作为种茎，也可分蔸繁殖。株行距为 60 cm×60 cm 或 50 cm×70 cm。

（3）田间管理：前期要中耕除草 2 次，未封行前要及时中耕松土和追肥，追肥以氮素为主。每次刈割后要及时补肥，每亩施 5~7 kg 尿素（或其他氮肥、人畜粪尿）。

（4）利用：供草期较长，从 6 月上旬至 10 月底前后都可供草，鲜草产量高、草质好，主要用作刈割，调制青贮饲料，也可用来放牧。干草中粗蛋白质含量为 9.95%，各种氨基酸含量比玉米高。

6. 饲用玉米

饲用玉米（图 3-7），又名苞谷、苞米、玉蜀黍等，是禾本科玉蜀黍属一年生草本植物。饲用玉米喜光喜温、怕旱、喜肥，对土壤要求不高，在 pH 值 5~8 的土壤中均可生长。选质地疏松、保肥保水的中性土壤有利于饲用玉米生长、增产。饲用玉米具有植株大、生长快、产量高、营养成分丰富、适口性好等特点，适合青饲和青贮。

（1）选地和整地：选择地势平坦、土层深厚、土质肥沃、通透性好、保水保肥性能好、排水好、有灌溉条件的地块。清除杂草、石块、铁屑等杂物，每亩施优质 1 500~2 500 kg 有机肥或 20~30 kg 复合肥作基肥，视土地肥力可增减；耕翻 20~30 cm，耕后耙平，要求土块细碎、地面平整。

图 3-7 饲用玉米

（2）播种：播种前选晴天连续晾晒 2~3 d，注意要翻动晒匀；种子用冷水浸泡 12 h 或 55~57℃温水浸 4~6 h；3 月中下旬地温稳定在 8~12℃后播种，播种量每亩 2~2.5 kg。双粒穴播株行距 55 cm×45 cm，育苗移栽株距 40 cm，保苗 5 500~6 000 株/亩。

（3）田间管理：在有 4~6 片可见叶时，按照“四去四留”定苗法：去弱留壮、去小留齐、去病留健、去杂留纯，苗不足的要及时补苗。在 6~7 片叶时结合追肥，中耕除草和培土。一般定苗后进行 2~3 次中耕除杂。施足苗肥，施有机肥 1 000~1 500 kg/亩，结合含氮 46%的尿素 5~5.5 kg/亩混合施用；拔节期施有机肥 1 000~1 500 kg/亩，结合含氮 46%的尿素 10~15 kg/亩混合施用。根据降雨情况适时灌溉或排水。

（4）利用：进入乳熟后期至蜡熟初期时开始刈割，留茬高度为 5~10 cm。刈割应选在晴朗天气进行，及时切碎青贮，年产鲜草 3.5~4.5 t/亩。

7. 甜高粱

甜高粱（图 3-8）为禾本科高粱属一年生草本植物。株高 2~4 m，根系发达，茎粗壮、直立，多汁液，味甜，叶 7~12 片或更多。喜温暖，具有抗旱、耐涝、耐盐碱等特性，对土壤的适应能力强，在 pH 值 5.0~8.5 的土壤上都能生长。

（1）整地与施肥：甜高粱种子较小，顶土能力较弱，整地质量要求深、平、细、碎，以保障出苗。亩施农家肥 4 000 kg，条施（沟底）复合肥 30 kg 或尿素 10 kg。

（2）播种：采用种子繁殖，春季气温在 12℃以上即可播种，北方适宜在 4 月下旬播种。条播，株行距为 30 cm×50 cm，深度 2~4 cm；也可撒播，亩播种量 0.50~0.75 kg。

图 3-8　甜高粱

（3）田间管理：出苗后展开 3～4 片叶时间苗，5 叶期时定苗，结合定苗进行中耕除草。一般在拔节和每次收割后进行追肥，可保证整个生育期养分的供给，利于高产。甜高粱易出现虫害，如蚜虫、玉米螟，要及时防治。

（4）利用：甜高粱生长快，分蘖力强，再生性好，株高 1.2 m 时即可刈割利用，刈割时留茬 10～12cm，一年可刈割 3～5 次，亩产鲜茎叶 4 000～7 000 kg。该品种营养丰富，粗蛋白质含量 3%～5%，粗脂肪含量 1%左右，无氮浸出物含量 40%～50%，粗纤维含量 30%左右。茎叶柔嫩，适口性好，既可做牧草放牧，又可刈割做青饲、青贮和干草，是具有较高推广价值的高产、优质、高效青饲料作物。

8. 高丹草

高丹草（图 3-9）为一年生禾本科暖季型牧草，由饲用高粱和苏丹草杂交育成，综合了高粱茎粗、叶宽和苏丹草分蘖力、再生力强的优点，杂种优势非常明显。植株高大，一般在 3 m 以上，根系发达，分蘖数为 20～30 株，叶量丰富。耐高温，怕霜冻，较耐寒，较适生长温度为 24～33℃，抗旱，适应性强，土壤要求不

图 3-9　高丹草

严，一般沙壤土、黏壤土或弱酸性土壤均可种植。喜肥，对氮、磷肥料需要量高，在瘠薄土壤上种植应注意合理施肥。

（1）整地与施肥：高丹草根系发达，要精细整地，耕深达 20 cm，每亩施农家肥 3 000 kg，磷酸氢二铵 5~10 kg 或复合肥 10 kg。

（2）播种：种子繁殖，地温 12℃以上即可播种，早播总产量高，3 月中旬至 6 月中旬播种都能正常生长，播种量 0.5~1.0 kg。条播，株行距为 15 cm×（30~40）cm，播深 3~5 cm。高丹草可以与多花黑麦草轮作。

（3）田间管理：主要是除杂草、追施氮肥和灌水。幼苗长至 15~20 cm 时应及时锄杂草，保证全苗。结合除杂，每亩施尿素 3~5 kg 促进幼苗生长，以后每刈割 1 次亩施尿素 5~8 kg，及时浇水促进再生。

（4）利用：供青期为 5—10 月。北方一年可割 2~3 次，南方可割 3~4 次，年亩产鲜草总量 6~8 t。草质柔软，营养价值高，叶量丰富，含糖量高，适口性好，采食量及消化率高，是牛羊等的优质青饲料，特别是肉牛、奶牛的首选饲料，可直接青饲、青贮、调制干草或加工成各种草产品。

三、饲料加工

（一）饲料的概念及分类

1. 概念

饲料是指经加工制造后可供动物食用的产品，并能够提供动物所需营养元素，促进动物生长及保持健康。与饲料主要相关的概念包括饲料原料、饲料添加剂。

饲料原料是指来源于动物、植物、微生物或矿物质，用于加工制造饲料但不属于饲料添加剂的饲用物质。

饲料添加剂是指在饲料加工、制造、使用过程中添加的少量或微量物质，包括营养性饲料添加剂和一般饲料添加剂。

2. 饲料的分类

按照来源分类，饲料可分为植物性、动物性、微生物、矿物质、人工合成或提纯等类型。

按照形态分类，饲料可分为液体、粉状、颗粒、膨化和块状等类型。

按照饲养对象分类，饲料可分为猪饲料、禽饲料、反刍饲料、水产饲料等。

按照营养成分和使用比例分类，饲料可分为预混合饲料、浓缩饲料、配合饲料。

按照是否运用生物发酵生产技术分类，饲料可分为常规饲料和生物饲料。

（1）预混合饲料、浓缩饲料、配合饲料

根据以往的分类方式，最为典型的是按照饲料营养成分和使用比例进行分类，饲料一般可分为预混合饲料、浓缩饲料和配合饲料，三者的具体内容如表 3-1。

表 3-1　预混合物饲料、浓缩饲料和配合饲料的主要特点

饲料种类	主要特点
预混合饲料	预混合饲料是以两种（类）或者两种（类）以上营养性饲料添加剂为主，与载体或者稀释剂按照一定比例配制的饲料，是复合预混合饲料、微量元素预混合饲料、维生素预混合饲料的统称。预混合饲料是浓缩饲料和配合饲料的核心部分
浓缩饲料	浓缩饲料是由蛋白质、矿物质和饲料添加剂按照一定比例配制的饲料。浓缩饲料与其他饲料按一定比例配合，可配制成配合饲料
配合饲料	配合饲料是根据养殖动物的营养需要，将多种饲料原料和饲料添加剂按照一定比例配制，按一定的工艺流程生产出的饲料产品。配合饲料属于饲料终端产品，可直接用于动物喂养

预混合饲料、浓缩饲料和配合饲料是饲料加工过程中处于不同阶段、具有不同营养成分和不同浓度的饲料产品。其中，预混合饲料是饲料生产的核心和基础；在预混合饲料的基础上添加适量的蛋白质、矿物质等原料后即可加工成浓缩饲料；在浓缩饲料的基础上添加适量的能量饲料原料即可加工为配合饲料。三者的主要关系情况如图 3-10 所示。

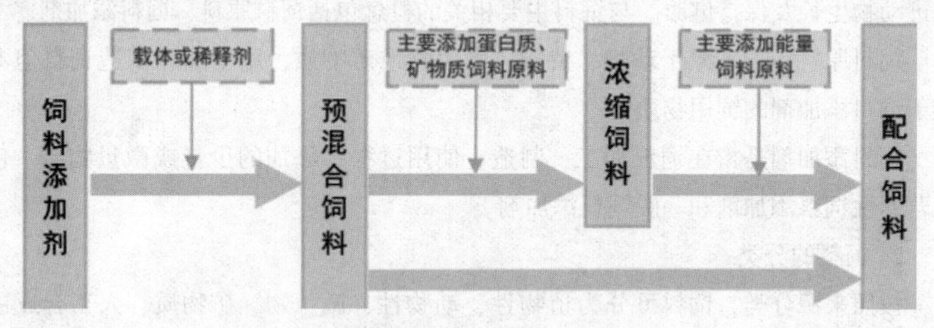

图 3-10　预混合饲料、浓缩饲料、配合饲料的关系

（2）常规饲料与生物饲料分类

随着国家对食品安全及环保问题的日益重视，常规生产工艺所生产出的饲料产品已经无法满足要求，高效、生态、健康型饲料就成为养殖业的新思路和新方向。而生物饲料因采用了发酵工程、酶工程等生物工程技术，在产品安全及功效、环保等方面表现均优于常规饲料，成了饲料行业未来的重要发展方向。

（二）饲料加工

1. 饲料加工设备

饲料加工需要的设备，小型养殖场应具备计量器、原料分装容器、粉碎机、搅拌机、制粒机、封口机、转运堆码车、运输车；大型养殖场应具备一条线生产设备、转运堆码车、运输车、抓机。

2. 精饲料加工

（1）原料接收：本工序是将经过检查的玉米、豆粕等通过除杂除磁设备除去原料中的杂质，然后通过接收设备和除磁设备按计划输送到筒仓。生产线设备包括接收装置（如卸料坑、平台等）、输送设备、初清筛、磁选装置（如永磁筒、永磁滚筒等）。

（2）配料：饲料生产人员将配料仓中的原料，根据家畜饲料配方的需要配料。配料工作的质量好坏直接影响产品的配料精度高低。

（3）粉碎：饲料生产人员将待粉碎仓中的原料喂入粉碎机粉碎成粉料，然后通过输送机械送至待混仓备用。

（4）混合：饲料生产人员将粉碎好的各种原料由待混仓卸入混合机，根据需要通过液体添加系统向混合机中的饲料添加油脂，将所有组分混合均匀，达到所要求的混合均匀度。

（5）制粒：混合后的物料在待制粒仓中经磁选、调质后被送入制粒机压制室，并被压制成颗粒饲料，再通过冷却塔冷却，并经筛分设备筛选出标准颗粒成品料。

（6）包装：饲料生产人员对混合或制粒饲料进行称量，使用包装袋装好，然后由打包人员插入标签后封口，然后由倒运人员运到仓库垛好。

3. 青贮饲料加工与调制

青贮饲料是反刍动物饲料的主要组成部分，一般在肉牛日粮中占70%~80%。青贮饲料的加工与调制包括青饲料、青贮饲料、干草饲料的加工与调制。

（1）青饲料加工。

刈割：用人工或机械设备将田间种植的青绿草料进行收割。

运输：用人工或运输车辆将田间收割的青绿草料运到草料加工处。

粉碎：用人工或抓机将运回的材料投放到粉碎设备上进行加工。

饲用：粉碎后的青绿饲料按动物需要量直接投放给家畜饲用。

（2）青贮饲料加工与调制。青贮是利用牧草、作物营养最有效的途径，能长期保存青绿饲料的营养成分，减少养分损失。青贮饲料适口性好，饲喂量大，还可集约化生产，长期保存，是常年均衡供应青绿多汁饲料的有效措施。

①青贮条件。

a. 适宜的糖分含量：青贮原料含糖量是影响青贮的主要条件。要调制优良的青贮饲料，青贮原料必须要有一定含糖量，一般为其鲜重的1.0%~1.5%，才能保证乳酸菌大量繁殖，形成足量乳酸将pH值调到4.2以下。糖分高的原料易于青贮，如玉米秸、禾本科牧草、甘薯秧等可单独进行青贮。含糖低的原料不易青贮，如紫花苜蓿、草木樨、三叶草、饲用大豆等豆科植物，应与含糖量高的原料混合青贮，或添加制糖副产物如鲜甜菜渣、糖蜜等。

b. 适中的水分含量：青贮原料的水分含量影响青贮发酵的过程和青贮饲料的品质。一般来说，原料含水量为65%~75%时才能保证微生物正常活动。如果原料含水过多，会降低含糖量，造成养分大量流失，不利于乳酸菌生长，影响青贮饲料品质。如果青贮原料过干，难以踏实压紧，造成好气性菌的大量繁殖，易使饲料发霉变质。判断适宜含水量的方法为：将青贮原料捣碎，用手握紧，指缝有水珠而不滴下时为宜。对于含水分过高的青贮原料，可稍加晾干或掺入适量的干料。对于含水分过低的青贮原料，可加适量的水或与含水量高的青绿饲料等混贮。

c. 厌氧环境：乳酸菌是厌氧菌，在厌氧环境下能快速繁殖。反之，有氧条件下乳酸菌的生长就会受到抑制，而腐败菌等有害菌是好氧菌，能大量生长。因此，要创造利于乳酸菌生长、抑制腐败菌生长的环境，原料在装窖时必须压实，排出空气，装填后必须将顶部密封好，防止漏气。

d. 适宜的温度：原料温度在25~35℃时，乳酸菌能够大量繁殖，并抑制其他杂菌（丁酸菌等）的繁殖。温度愈高，营养物质损失就愈多，当窖内温度上升到40~50℃时，其营养物质的损失可为20%~40%。因此，迅速装窖、踏实、压紧是保证适温的先决条件。

②青贮设备。

选在地势高、干燥、土质坚实、地下水位低、靠近畜舍、远离水源和粪尿处理场的地方作为青贮场所。青贮设备要求坚固牢实、不漏气、不透水、密封性好、能防冻、内部表面光滑平坦。青贮设备种类较多，有窖式青贮、塔式青贮、壕式青贮、袋式青贮、打包青贮及平地青贮等。每一设备均有其优缺点，生产中应根据实际需要进行选择。

a. 青贮窖：青贮窖的形状为圆形或长方形，通常以长方形为好［（宽深之比为1：（1.5~3.0）］。窖上宽下窄，永久性窖四周及底部用砖砌成，窖壁应有一定倾斜度，窖四角为圆弧形，窖底应有一定的坡度。青贮窖分地上式及半地下式，地下水位低、土质较好时选用半地下式；地下水位高、土质较差时则选择地上式。青贮窖是常用的较为理想的青贮容器，成本低、操作方便，能适应不同的生产规模，但贮存养分损失较大（图 3-12）。

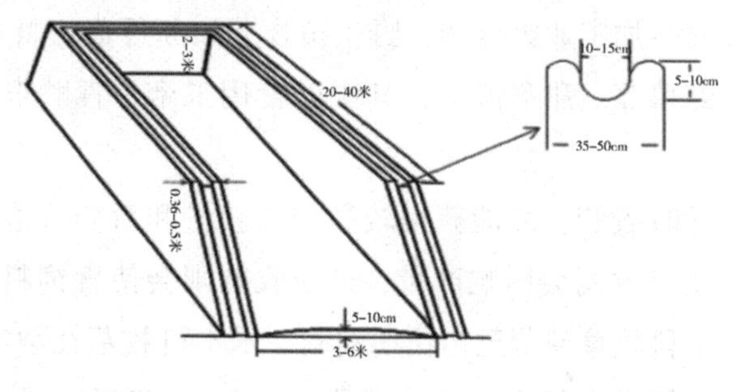

图 3-12　青贮窖

b. 青贮袋：青贮袋是利用聚乙烯无毒薄膜、双幅袋形塑料、厚度 8~12 丝制成，大小随青贮饲料数量而定。装袋时，可将切碎的青贮原料直接装入袋中，或将青绿牧草打成草捆后再装袋密封（即草捆青贮）。此法设备简单、方法简便、浪费少，适用于小规模青贮（图 3-13）。

c. 裹包青贮：利用机械设备完成秸秆或饲料青贮的方法，是在传统青贮的基础上研究开发的一种新型饲草料青贮技术。裹包青贮技术是指将牧草收割后，用打捆机进行高密度压实打捆，然后通过裹包机用拉伸膜裹包起来，从而创造一个厌氧的发酵环境，最终完成乳酸发酵过程。该方法贮料质量好，由于拉伸膜裹包青贮密封性好；提高了乳酸菌厌氧发酵环境的质量，提高了饲料营养价值，气味芳香，粗蛋白质含量高，粗纤维含量低，消化率高，适口性好，采食率高，家畜利用率可达 100%；浪费极少，霉变损失、流液损失和饲喂损失均大大减少，仅有 5% 左右，不会污染环境；保存期长，可在露天堆放 1~2 年；包装适当，体积小，易于运输和商品化，保证了现代化养殖场青贮饲料的均衡供应和常年使用（图 3-14）。

图 3-13 青贮袋

图 3-14 裹包青贮

③青贮步骤。

a. 清理青贮设施：青贮设备再次利用前应进行彻底的清理、晾晒和消毒，破损处应及时修补。

b. 适时收割原料：调制青贮饲料的原料种类较多，有专门种植的牧草及饲用作物、农副产品及食品加工业废弃物、野生植物。如苏丹草、黑麦草、青贮玉米、甜高粱、玉米秸、红薯藤、甜菜渣等，其中以食用玉米、青贮玉米、玉米秸最为常用。

对这些原料要适时收割，才能获得较高的收获量和营养价值，从而保证青绿饲料的营养价值。过早收割会影响产量，过晚收割则会使青饲料品质降低。带穗玉米蜡熟期收割，豆科牧草现蕾至初花期刈割，禾本科牧草在孕穗至抽穗时刈割，甘薯藤和马铃薯茎叶等在收薯前 1~2 d 或霜前收割，玉米秸在收获玉米的同时收割，应尽量提前收割。

c. 切短或搓揉：为了使青贮饲料堆制均匀，紧密压实、排出空气，促进乳酸菌的迅速发酵，一定要将收割后的原料进行切短。原料切短的长度因原料种类而异，茎秆粗硬的可切短些或搓揉成丝条状便于压紧，茎秆柔软的可稍长。秸秆切至 3~5 cm，青草和藤蔓切至 10~20 cm（图 3-15）。

d. 装窖：青贮原料装窖应快速，一般一个青贮设施要在 1~3 d 内装满压实，装填时间越短，青贮品质越好。对含水量较高的青贮原料在装填前底部铺一层厚 10~15 cm 的秸秆，以便吸收青贮液汁。装填时装一层压一层，每层厚 15~20 cm，必须用人力或机械层层压实，特别要注意边角及四周的压实，原料高出窖口 60 cm 封口。一般青贮窖的装填量为 450~600 kg/m^3，随青贮原料不同而略有浮动，如全株玉米青贮时为 600 kg/m^3 左右，玉米秸为 450~500 kg/m^3（图 3-16）。

图 3-15　原料切短

图 3-16　装窖、压实

e. 密封：原料装填后立即密封，防止漏水、漏气，这是调制优质青贮的关键之一。密封时用塑料薄膜覆盖，四周用泥土或其他重物把塑料布压实封严，使青贮设施内呈厌氧状态，以抑制好氧性微生物的发酵（图 3-17）。

图 3-17　密封

f. 管理：密封后应经常检查，若发现下陷或裂缝，应及时用土或胶带封严，杜绝漏气、漏雨。窖的四周要建排水沟，以利排水。袋贮时要放在适当的地方，防止老鼠咬破，温度 0℃以下时要用树叶、杂草等盖好进行保温防冻。

④特殊青贮。

a. 半干青贮：晾晒原料使其水分含量降到 45%~55%时进行的青贮，称为半干青贮，又称低水分青贮。

b. 添加剂青贮：为了提高青贮效果，扩大青贮原料范围，可在青贮原料中加入添加物。酸类、抑菌剂类等可抑制腐败菌生长，防止青贮饲料变质、腐败；尿素、氨化物可提高青贮饲料的养分含量。

⑤青贮饲料质量鉴定。

鉴定青贮饲料品质最简便、迅速的方法，就是根据青贮饲料的颜色、气味、质地等指标，通过感官评定其品质好坏（图 3-18）。

图 3-18　青贮饲料

a. 看色泽：青贮饲料的颜色越接近青贮原料的颜色，品质越好。黄绿色或青绿色为优等饲料，黄褐或暗绿色的饲料为良等饲料，褐色、黑色或有霉斑者为劣等饲料，不能饲喂家畜。

b. 闻气味：带有酒香或水果味的饲料为优等饲料；香味极淡或没有，具有一定刺鼻酸味的饲料为良等饲料；若带有霉味、腐臭味的饲料则为劣等饲料，不能饲喂家畜。

c. 观质地：把青贮饲料攥在手中，有松散感，但质地柔软而湿润，松开不沾手，茎叶和花等都保持原来的状态，能够清楚看到茎叶上的叶脉和绒毛的饲料为优等饲料；若攥在手中感到发黏或黏合成一团，分不清原有结构，或虽然松散，但干燥粗硬，为劣等青贮饲料，不能饲喂家畜。

此外，还可以通过测定 pH 值来评定青贮饲料的品质。将 pH 值试纸放入青贮饲料中，10 min 后取出试纸，pH 值在 4.2 以下为品质优良的青贮饲料，pH 值在 4.2~4.5 为品质中等的青贮饲料，pH 值大于 4.6 为品质低劣的青贮饲料。

⑥饲喂。

青贮成熟开窖的时间受环境温度的影响，一般经 40~50 d 发酵即可开窖使用。开窖时，先从窖顶上部或壕的一端开始连续、逐层取用，每天现取现喂，发现腐烂变质青贮饲料应及时抛弃，以免造成家畜中毒或消化不良。取用后用塑料薄膜将口封好，防止二次发酵。青贮饲料饲喂从少到多，让牛逐步适应。青贮饲料日喂量参考量：犊牛 4~10 kg、育成牛 5~15 kg、奶牛 10~20 kg，育肥牛 10~15 kg。

(3) 青干草调制与贮藏。

青干草是将牧草或其他无毒、无害植物在适宜时期收割后，经日晒或人工烘烤干燥，使其大部分的水分蒸发至能长期安全贮存的程度。由于这种干草是青绿植物制成，仍保持一定的青绿颜色，故称为青干草。

青干草的营养价值主要受刈割时期、干燥方法和贮藏条件的影响，因此应科学调制，尽量保持鲜草中的各种养分。

①原料刈割。

原料适时刈割，可提高单位面积饲草产量和干草品质，而且有利于多年生牧草次年的返青和生长发育。豆科牧草（苜蓿、草木樨、毛苕子等）在初花期至盛花期刈割，禾本科牧草（燕麦、黑麦草、羊草等）在抽穗期刈割，天然草地牧草在秋季刈割。收割时牧草的留茬高度对于牧草的产量、再生及越冬都有重大影响。一般人工草地留茬高度为 5~8 cm，高大牧草、杂类草则为 10~15 cm。

②干燥的方法。

为了调制优质干草，在牧草干燥过程中，要因地制宜地选择合适的干燥方法。

牧草干燥方法较多，既可以利用日晒、风力等条件进行自然干燥，也可以利用专用设备、添加化学物质进行干燥。无论是何种方法都要快速干燥，缩短干燥时间，尽量减少牧草营养物质损失。

a. 自然干燥法：自然干燥成本低，操作简单，一般农户均可操作，但是制作的干草质量较差，仅能保存鲜草50%~70%的养分，易受气候和环境等因素的影响。

b. 人工干燥法：效率高，劳动强度小，制作的干草质量好，可保存鲜草90%~93%的养分，但成本高。人工干燥法可分为常温鼓风干燥法和高温干燥法。

c. 物理、化学干燥法：运用物理和化学方法来加快干燥，以降低牧草干燥过程中营养物质的损失。目前应用较多的物理方法是压裂草茎干燥法，化学方法是用添加干燥剂进行干燥。

③干草打捆。

牧草干燥到一定程度后（含水量为15%~20%），用打捆机制作出方形草捆或圆形草捆，减小牧草所占的体积和防止养分损失，便于贮存和运输。

a. 方形草捆：根据打捆机型号的不同，有小捆和大捆之分。小捆重量轻，为14~68 kg，易于搬运；大捆较重，为820~910 kg，需要装卸机械协助装卸。

b. 圆形草捆：圆形草捆由圆柱形打捆机制成长1~1.7 m，直径1.0~1.8 m，重600~800 kg的草捆。圆形草捆在田间存放时利于雨水流失，可抵御不良气候侵害，在干燥的田间成行排列能存放较长时间。

④青干草的贮存。

青干草的贮存是调制干草过程中的一个重要环节。贮存时，应注意干草的含水量，必须要干燥，还要注意通风、防雨、防自燃，定期检查维护，发现漏缝、温度升高，应及时采取措施加以维护。

⑤青干草的品质鉴定。

干草品质应根据营养物质含量和消化率综合评定，但在生产实践中常采用眼观、手摸、鼻嗅等方法直接判定青干草品质。一般将青干草的牧草种类组成、颜色、气味、干草叶量及水分含量等外观特征作为评定品质好坏的依据。

a. 牧草种类组成：青干草中植物种类对其品质有重要影响，植物种类不同，其营养价值差异很大。牧草种类组成常分为豆科、禾本科、其他可食牧草、不可食牧草及有毒植物5类。优质豆科或禾本科牧草所占的比例越大，干草品质越好；杂草占比越多，则干草品质越差。人工栽培牧草非本品种杂草比例不超过50%，天然草地禾本科占比超过60%，则牧草组成优良。

b. 颜色、气味：优质青干草呈绿色，绿色越深，其营养物质损失就越小，所含可溶性营养物质、胡萝卜素及其他维生素越多，劣质青干草颜色呈黄白或黑褐色。青干草种类不同，颜色亦有所差异，如禾本科青干草绿色，豆科青干草绿色新鲜，莎草科青干草绿色有光泽。优质青干草具有能刺激家畜食欲、增加适口性的芳香味。质量较差的青干草缺少芳香味，劣质青干草特别是霉变的有霉味或焦灼味。

c. 叶片含量：青干草叶片的营养价值较高，相比茎秆中的含量，矿物质、蛋白质多1~1.5倍，胡萝卜素多10~15倍，纤维素少50%左右，消化率高40%。因此，叶量多少是干草营养价值高低最明显的指标。鉴定时，取一束干草，看叶量多少，优质干草叶片基本不脱落或很少脱落，劣质干草叶片存量少。由于禾本科牧草的叶片不易脱落，豆科牧草的叶片极易脱落，所以优质豆科青干草中叶量应占总量的50%以上，优质禾本科青干草的叶片应不脱落。

d. 牧草刈割时期：适时刈割是决定青干草品质的重要因素，始花期或始花以前刈割，青干草中的花蕾、花序、叶片、嫩枝条较多，茎秆柔软，适口性好，品质佳。若刈割过迟，青干草中叶量少、枯老枝条多、茎秆坚硬、适口性和消化率均下降，品质变劣。

e. 含水量：青干草的含水量应为14%~17%，含水量超过20%不利贮存。感观测定：将青干草束用手握紧或搓揉时无干裂声，青干草拧成草辫松开时干草束散开缓慢，且不完全散开，弯曲茎上部不易折断为适宜含水量；当紧握青干草束时发出破裂声，松手后迅速散开，茎易折断，说明青干草较干燥，易造成机械损伤；当紧握青干草束后松开，青干草不散开，说明草质柔软，含水量高，易造成草垛发热或发霉，草质较差。

⑥青干草的饲喂。

良好的青干草所含营养物质能满足牛的营养需要并使其略有增重。可采取自由采食或限量饲喂，单独饲喂青干草时，其进食量为牛体重的2%~3%。青干草质量越好，进食量越高。生产上，青干草常与一定的精饲料相搭配饲喂。在饲喂过程中注意剔除霉烂草，最好切短、粉碎再饲喂，可减少浪费。

四、农作物秸秆加工利用

我国的秸秆资源广泛、量大、种类多、成本低，但秸秆粗纤维含量较高，导致家畜的采食量和消化率较低，因而秸秆的使用受到了限制。但是经过适当的加工处理，秸秆的适口性和营养价值可大大提高，这对秸秆资源的开发利用具有十分重要的意义。

秸秆加工调制技术具有保护营养成分、提高饲料的适口性和消化率、扩大饲料的来源、消灭病（菌）虫害和杂草、长期贮存等优势，为牲畜养殖提供充足饲料来源。

1. 青贮与黄贮

青贮：是利用微生物的发酵作用，长期保存青绿饲料营养的一种简单、经济的方法，是保证家畜长年均衡供应粗饲料的有效措施。它已成为畜牧业中的一项重要技术。青贮的目的是贮存青绿饲料以减少动物所需营养物质的损失。

黄贮：黄贮是利用干秸秆做原料，通过切短切细、添加适量水和生物菌剂，在容器中压紧压实或压捆、袋装储存的一种技术。

2. 热加工

热加工是利用热源、压力来改变秸秆纤维素的结构并使其软化，从而提高其适口性和采食量，如蒸煮、膨化等。蒸煮是将切碎的秸秆放在一定压力容器内加水蒸煮，提高饲料的适口性和消化率，常用来饲喂育肥牛和低产乳牛。膨化是利用高压水蒸气处理后突然降压以破坏纤维结构，使结构性碳水化合物分解成可溶性成分。秸秆膨化后经消毒、灭菌，变得柔软、适口性好，易消化吸收，可消化粗蛋白提高近 1 倍，是养牛的好饲料。但膨化设备投资较大，目前在生产上尚难以广泛应用。

3. 盐化

盐化是用 1%的食盐水与等重量切短或粉碎的秸秆充分搅拌后，放入容器内或在水泥地面上堆放，用塑料薄膜覆盖，放置 12~24 h，使其自然软化，可明显提高秸秆的适口性和采食量。该法在东北地区广泛利用，效果良好。

4. 成型加工

成型加工是将农作物秸秆粉碎后，再加上少量黏合剂，用饲料制粒机或压块机压制成颗粒状或块状饲料。处理后的饲料密度提高，体积减小，便于长期储存和运输，适口性和品质也得到提高，是草食家畜的理想饲料，适合大规模养殖场。

5. 氨化处理

氨化处理时，秸秆中有机物与氨发生氨解反应，木质素与多糖链间的酯键被破坏，形成铵盐，为牛、羊瘤胃内微生物生长提供了良好氮源，促进了菌体蛋白的形成。同时，氨溶于水形成氢氧化铵，对粗饲料有碱化作用。因此，氨化秸秆通过氨化与碱化双重作用，粗蛋白含量可提高 4%~6%，纤维素含量降低 10%，有机物消化率提高 20%以上，极大地提高了秸秆的营养价值，是牛、羊等反刍家畜的良好粗饲料。氨化料调制方法较多，而且制作简单易行，非常适合广大农村采用。清洁未霉变的秸秆均是氨化原料，如麦秸、稻秸、玉米秸等。氨化秸秆启封后待氨气散去即可饲喂，一般氨化秸秆肉牛日采食量为体重的 2%~3%。

6. 碱化处理

碱化处理通常利用氢氧化钠、氢氧化钾、氢氧化钙溶液来浸泡或喷洒秸秆，破坏其细胞壁和纤维素结构，释放营养物质，提高秸秆的营养价值，可使消化率提高 15%~20%。每 100 kg 秸秆喷 150~250 kg 混合液，1 周后（至少 3 d）待碱度降低后切碎饲喂。

碱化处理成本低，方法简便，效果明显，如用氢氧化钠与生石灰混合处理的秸秆饲喂小公牛，粗纤维消化率由 40%提高到 70%，增重明显。

7. 氨碱复合处理

氨碱复合处理就是将秸秆饲料氨化后再进行碱化处理，不仅提高秸秆饲料营养成分含量和饲料的消化率，还能够充分发挥秸秆饲料的经济效益和生产潜力。按每 100 kg 秸秆取尿素 2. 5 kg 溶于 50 kg 水中，再加入 2. 5 kg 石灰制成混悬液，其余操作方法与氨化方法相同。如氨化处理的稻草消化率仅 55%，而复合处理后则可提高到 71. 2%。

8. 酶解法

酶具有高效、专一、水解率高的特性，如纤维素分解酶，半纤维素分解酶能专一作用于秸秆中的纤维素、半纤维素，使其分解为单糖，从而提高秸秆消化率，但因酶的成本较高，目前生产上使用较少。

在秸秆加工利用的这些方法中，机械加工、热加工、盐化、成型加工都属于物理处理法，通过改变秸秆的物理性状，提高利用率。氨化处理、碱化处理、氨碱复合处理属于化学处理法；自然发酵、青贮、酶解法属于生物处理法。后两者分别通过化学物质、微生物（酶）来分解秸秆中难以消化的粗纤维，以提高其营养价值和适口性。为了便于运输、贮存及工厂化高效处理，生产上常常将不同处理方法结合起来，如物理成型加工+化学处理：秸秆切碎或粉碎—碱化或氨化—添加营养补充剂—成型加工（颗粒或草块）。

青贮饲料加工调制方法要根据当地饲料来源、生产条件、青贮饲料的特点、饲养规模、经济效益等综合因素科学地加以应用。规模化、集约化的养殖场，饲料加工调制要向集约化和工厂化方向发展；广大农村散养户，要选择简单易行、适合小规模条件的加工调制方法。

【任务实施】

秸秆饲料氨化和碱化处理

1. 目的要求

使学生掌握常用秸秆饲料的碱化和氨化处理方法。

2. 材料准备

供氨化和碱化的麦秸秆或稻草、玉米秸秆，水缸或水泥池，穿孔铁管或瓶子，塑料薄膜，食盐，生石灰或熟石灰等。

3. 操作步骤

（1）秸秆饲料的氨化处理。

①注入氨水法：将秸秆放置成垛，中间插入铁管，管长因垛大小而定，铁管壁上有孔，孔径 2 mm，孔间距 10 mm，然后顺管子注入氨水。每 100 kg 秸秆注入 20%~25%的氨水 12 kg，并用塑料薄膜紧紧包住秸垛，压实，使其不漏气，经 20~30 d（看温度的高低）打开薄膜，待氨味消散后，即可用于饲喂。

②倾倒加氨法：将秸秆放置成堆，并用塑料薄膜包住，在密封压实前，将盛有氨水的瓶子放入秸秆堆中，推翻，迅速压实。其氨水浓度、处理天数等均与前一种方法相同。

（2）秸秆饲料的碱化处理。

①称取一定量的氧化钙，含量不低于 90%的生石灰，置于缸或水泥地内，加入少量水，使其氧化成粉末，然后加水配制成 1%的石灰水溶液。如用熟石灰，则其与水的比例为 3∶100。将石灰水搅拌均匀后，滤去杂质备用。为提高处理效果，按秸秆质量的 1.0%~1.5%往石灰水中添加食盐。

②将准备处理的秸秆切成 2~3 cm，放入缸或水泥池内，装七八成满，先加入一些石灰水溶液，待秸秆充分搅拌均匀和湿润后，再加入剩余石灰水，使秸秆全部淹没。秸秆与石灰水的比例为 1∶（2~2.5）。

③经 2~3 d 浸泡后，取出，滤去残液，不须冲洗，即可用于饲喂。

④滤下的残液，再添加适量新石灰水，反复使用 3~4 次后废弃。

4. 学习效果评价

秸秆饲料氨化和碱化处理学习效果评价标准如下所示。

序号	评价内容	评价标准	分数	评价方式
1	合作意识	有团队合作精神，积极与小组成员协作，共同完成学习任务	10	小组自评 30% 组间互评 30% 教师评价 40% 企业评价 20%
2	氨化处理	按要求堆垛秸秆，配制氨水并加入堆垛中	30	
3	碱化处理	按要求堆垛秸秆，配制石灰水，秸秆与石灰水混合搅拌均匀	30	
4	安全意识	有安全意识，未出现不安全操作	10	
5	记录与总结	能完成全部任务，记录详细、清晰，总结报告正确并及时上交	20	
合计			100	100%

【任务反思】

1. 解释名词：饲料、青干草。
2. 饲草的分类？
3. 饲料的分类？
4. 青贮饲料质量如何鉴定？

（段春华　罗芙蓉）

任务二　蜀宣花牛繁殖技术

【任务目标】

知识目标：1. 熟记蜀宣花牛的初配年龄、产后配种时间。

2. 掌握蜀宣花牛的发情鉴定、输精和妊娠诊断技术。

3. 了解提高母牛繁殖力的综合技术措施。

技能目标：1. 能够鉴定蜀宣花牛的发情情况并进行妊娠诊断。

2. 能够对母牛进行输精。

【任务准备】

蜀宣花牛青年母牛初配年龄一般为 16~20 月龄，牛群总受胎率达到 90%以上，情期平均受胎率55%以上，第一情期受胎率：后备牛为65%~70%，经产牛为55%~60%；每次妊娠平均所需配种次数（配种指数）1.5~1.8次；产犊间隔为365~380 d；繁殖成活率95%以上。

一、配种时间及发情鉴定

1. 初配年龄：后备牛进入初情期，表明具备了繁殖后代的能力，但此时后备牛生殖器官结构和功能尚未完善，骨骼、肌肉和各内脏仍处于快速生长阶段。如果此时配种，不仅会影响其本身的正常发育和生产性能，还会影响犊牛的健康。因此，蜀宣花牛青年母牛初配年龄为16~20月龄，体重占成年体重的70%时左右才能配种。

2. 产后配种时间：无论肉用牛、乳用牛，产犊成绩往往与其生产性能密切相关，因此产犊后应尽早配种。但母牛产后卵巢功能、子宫形态和功能、内分泌功能等恢复需要一段时间，一般需要21~50 d。产后第一次发情时间变化范围为30~45 d，产后再配种应在产后60~90 d。

3. 发情鉴定：鉴定发情的方法有外部观察法、试情法、直肠检查法、阴道检查法，生产上常用外部观察法和直肠检查法或两者结合。

（1）外部观察法。爬跨现象：发情牛有爬跨或被爬跨现象，特别在发情盛情，发情牛当被爬跨时，常静立不动，愿意接受交配。一般行为变化：眼睛充血有神；兴奋不安；鸣叫，食欲减退甚至拒食；排尿次数增多，产奶量下降。阴户变化：充血肿胀，流出黏液，发情初期，黏液稀薄量少；盛期黏液量增加，黏度增高，牵拉6~8次不断。阴道出血：在发情后期，有90%的育成牛和50%的成年牛有从阴道排出少量血液的现象。

（2）直肠检查法。主要检查卵泡的发育情况，卵泡出现期，卵泡直径为0.5~0.75 cm，波动不明显，表明发情开始；当卵泡直径增加到1~1.5 cm时，呈小球状，波动明显，表明母牛由发情盛期进入后期；排卵后成为一个小窝，排卵后6~8 h黄体开始生长，小窝被黄体填平。

二、蜀宣花牛的输精及妊娠诊断

（一）人工输精

1. 输精前的准备

（1）母牛准备：母牛保定在输精架上或牛床颈架上进行配种。保定好后，先用1%的新洁尔灭或0.1%的高锰酸钾溶液洗净外阴部，然后用干净的毛巾或纱布擦干。输精时让助手或饲养者将母牛尾巴拉向一侧。

(2) 输精器械的准备：所有输精器械必须严格消毒，每次使用后应及时消毒备用。推荐使用输精套管输精。

(3) 输精人员准备：输精人员换好工作服和鞋，剪短磨光指甲，洗净手及手臂，用消毒毛巾擦干，穿戴上长臂乳胶手套或一次性输精手套。

(4) 精液准备：冻精应来源于专业公司优秀种公牛，活力达到0.35以上。目前广泛使用细管冻精，将细管冻精用长镊子从液氮罐取出，停顿3 s让管上附着的液氮挥发，然后没入(40±2)℃温水中，约30 s后，待管内精液融化后取出转入输精枪备用。国标GB 4143—2022要求细管冻精精子活力在0.40以上，每一剂量有效精子数在800万以上。

2. 输精技术

(1) 操作方法。

牛的配种主要采用人工授精，目前普遍采用直肠把握子宫颈输精法。方法如下：先用手轻轻揉动肛门，使肛门括约肌松弛，然后用戴长臂手套的左手伸进直肠内把粪掏出（若直肠出现努责应保持原位不动，以免戳伤直肠壁，并避免空气进入而引起直肠膨胀），用手指从子宫颈的侧面伸入子宫颈下部，然后用食、中及拇指握住子宫颈的外口端，使子宫颈外口与小指形成的环口持平。另一只手用干净的毛巾擦净阴户上污染的牛粪，持输精枪自阴门以35°~45°的角度向上插入5~10 cm，避开尿道口后，再改为平插或略向前下方进入阴道。当输精枪接近子宫颈外口时，握子宫颈外口处的手将子宫颈轻提向阴道方向，使之接近输精枪前端，并与持输精枪的手协同配合，将输精枪缓缓穿过子宫颈内侧的螺旋皱褶（在操作过程可采用改变输精枪前进方向、回抽、摆动等技巧），插入子宫颈深部2/3~3/4处，当确定注入部位无误后将精液注入（图3-19）。

(2) 优缺点。

优点：精液可以注入子宫颈深部或子宫体，受胎率高；母牛无痛感刺激，同样适用于处女牛；可防止误给孕牛输精而引起流产；用具简单，操作安全方便。

缺点：初学者不易掌握而造成受胎率低，甚至引起子宫外伤等。

细管精液解冻后，应剪去聚乙烯醇封口端，将细管装入凯苏枪内再行输精。目前在凯苏枪外面套上特制的一次性使用的塑料软管护套，可以减少凯苏枪头的消毒次数而连续使用。输精管口切忌用酒精棉消毒，因酒精会杀死精子而影响受胎率。

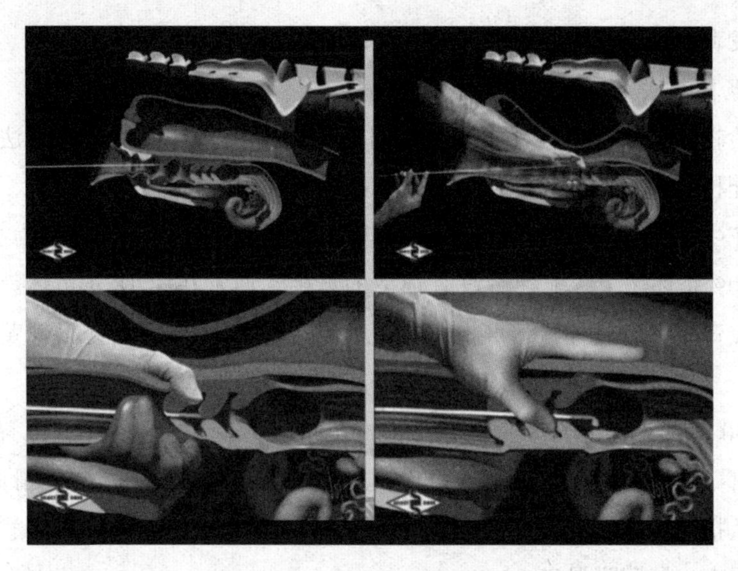

图 3-19 直肠把握子宫颈输精法

(3) 适宜的配种时间。

从行为看：一般在发情开始后 12~18 h 输精受胎率最高，此时母牛处于发情期的发情盛期，出现“木马反射”症状。

黏液区别：黏液较黏稠，用手指蘸取黏液，当拇指和食指间的黏液牵拉 6~8 次不断时。

卵泡变化：直径在 1.5 cm 以上，波动明显，泡壁薄，有一触即破之感，为配种适期。

生产上：母牛早上接受爬跨，下午输精；下午或傍晚接受爬跨，次日早上或上午输精。母牛的年龄、产犊胎次也影响它的排卵早晚，俗话“老配早，少配晚，不老不少配中间”，表明年轻母牛应适当延后配种输精时间，大龄母牛应适当提前配种输精时间。

(二) 妊娠诊断

在牛的繁殖管理中，妊娠诊断有着重要的经济意义，尤其是早期诊断可减少空怀，增加产奶量，提高繁殖率。妊娠诊断方法有很多，目前在生产实践中应用的主要有外部观察法、直肠检查法、超声波诊断法和孕酮水平测定法等。

1. 外部观察法

妊娠最明显的表现是发情周期停止，配种后 18~24 d 不再发情；食欲增加，被毛光泽，性情温顺，行动谨慎；到 5 个月后，腹围出现不对称，右侧腹壁突出，乳房逐渐发育。外部观察法通常作为一种辅助的诊断方法。

2. 直肠检查法

直肠检查法是判断是否妊娠和妊娠时间的最常用，且最可靠的方法。有经验的人员在配种后 40~60 d 就能作出判断，准确率在 90%以上。

蜀宣花牛妊娠 21~24 d，在排卵侧卵巢上存在有发育良好、直径为 2.5~3 cm 的黄体，90%是怀孕了。配种后没有怀孕的母牛，通常在第 18 d 黄体就消退，因此不会有发育完整的黄体。但胚胎早期死亡或子宫内有异物也会出现黄体，应注意鉴别。

妊娠 30 d 后，两侧子宫大小不对称，孕角略为变粗，质地松软，有波动感，孕角的子宫壁变薄，而空角仍维持原有状态。用手轻握孕角，从一端滑向另一端，有胎膜囊从指间滑过的感觉，若用拇指与食指轻轻捏起子宫角，然后放松，可感到子宫壁内有一层薄膜滑过。

妊娠 60 d 后，孕角明显增粗，相当于空角的 2 倍左右，波动感明显，角间沟变得宽平，子宫开始向腹腔下垂，但依然能摸到整个子宫。

妊娠 90 d，孕角的直径为 12~16 cm，波动极明显；空角也增大了 1 倍，角间沟消失；子宫开始沉向腹腔，初产牛下沉要晚一些；子宫颈前移，有时能摸到胎儿。孕侧的子宫中动脉根部有微弱的震颤感（妊娠特异脉搏）。

妊娠 120 d，子宫全部沉入腹腔，子宫颈已越过耻骨前缘，一般只能摸到子宫的背侧及该处的子叶（如蚕豆大小），孕侧子宫动脉的妊娠脉搏明显。

妊娠诊断中的常见错误：①胎膜滑落感判断错误。当子宫角连同宽韧带一起被抓住时就会误判胎膜滑落感，当直肠折从手指间滑落时同样会发生错误。②误认膀胱为怀孕子宫角。膀胱为圆形器官而不是管状器官，没有子宫颈也没有分叉。分叉是子宫分成两个角的地方。正常时在膀胱顶部中右侧摸到子宫，膀胱不会有滑落感。③误认瘤胃为怀孕子宫角。因为有时候瘤胃挤压着骨盆，非怀孕子宫完全在右侧盆腔的上部。如摸到瘤胃，其内容物像面团，容易区别，同时也没有胎膜滑落感。④误认肾脏为怀孕子宫角。如仔细触诊就可识别出叶状结构。此时应找到子宫颈，看所触诊的器官是否与此相连。若摸到肾叶，那就既无波动感，也无滑落感。⑤阴道积气。由于阴道内积气，阴道膨胀犹如一个气球，不细心检查可误认它是子宫。按压这个“气球”，并将奶牛后推，就会从阴户放出空气。排气可以听得见，并同时可感觉到出气球在缩小。

3. 超声波诊断法

超声波诊断法是利用超声波的物理特性和不同组织结构的声学特性相结合的物理学妊娠诊断方法。国内外研制的超声波诊断设备有多种，是简单而有效的检测仪器。目前，国内试制的有两种：一种是用探头通过直肠探测母牛子宫动脉的妊娠脉搏，由信号显示装置发出不同的声音信号来判断妊娠与否。另一种是探头自阴道伸入，显示的方法有声音、符号、文字等形式。重复测定的结果表明，妊娠 30 d 内探测子宫动脉反应、40 d 以上探测胎心音可达到较高的准确率。但有时也会因子宫炎症、发情所引起的类似反应干扰测定结果而出现误诊。

在有条件的大型牛场也可采用较精密的 B 型超声波诊断仪。其探头放置在右侧乳房上方的腹壁上，探头方向应朝向妊娠子宫角。通过显示屏可清楚地观察到胎泡的位置、大小，并且可以定位照相。通过探头的方向和位置的移动，可见到胎儿各部的轮廓、心脏的位置及跳动情况、单胎或双胎等。在具体操作时，探头接触的部位应剪毛，并在探头上涂以接触剂（凡士林或石蜡油）。

4. 孕酮水平测定法

根据妊娠后血中及奶中孕酮含量明显增高的现象，用放射免疫和酶免疫法测定孕酮的含量，判断母牛是否妊娠。由于收集奶样比采血方便，目前测定奶中孕酮含量的较多。研究表明，在配种后 23~24 d 取的牛奶样品，若孕酮含量高于 5 ng/mL 为妊娠，而低于此值者为未孕。本测定法判断没有怀孕的阴性诊断的可靠性为 100%，而阳性诊断的可靠性只有 85%。因此，建议再进行直肠检查予以证实。

三、提高母牛繁殖力的综合技术措施

重点在于提高“三率”即发情检测受配率、受胎率、产犊成活率。

1. 提高母牛繁殖力的一般技术措施

（1）保证饲料营养。营养包括水、能量、蛋白质、矿物质和维生素等，营养对奶牛繁殖力的影响是极其复杂的过程。营养不良或营养水平过高，都将对母牛发情、受胎率、胚胎质量、生殖系统功能、内分泌平衡、分娩时的各种并发症（难产、胎衣不下、子宫炎、怀孕率降低）等产生不同程度的影响。

（2）降低热应激。蜀宣花牛是耐寒怕热的动物，适宜温度为 0~21℃，而夏季气温往往高达 30℃甚至更高，对牛采食量、产奶性能、繁殖性能等产生严重影响。热应激可导致蜀宣花牛内分泌失调、卵细胞分化发育、受精卵着床和第二性征障碍，降低受精率和受胎率，所以降低热应激对蜀宣花牛的影响是夏季饲养管理中的重要工作内容。牛场经济实用的防暑降温方法是在牛舍内安装喷淋装置实行喷

雾降温，并安装电风扇促进空气流通进行降温。

（3）实行产后监控。母牛产后监控是在平常科学饲养管理条件下，从分娩开始至产后60 d之内，通过观察、检测、化验等方法，对产后母牛实施以生殖器官为重点，以产科疾病为主要内容的全面系统监控，及时处理和治疗母牛生殖系统疾病或繁殖障碍，对患有子宫内膜炎的个体尽早进行子宫净化治疗，促进产后母牛生殖机能尽快恢复。

（4）减少高产母牛繁殖障碍。母牛的繁殖障碍有暂时性不孕症和永久性不孕症之分，主要有慢性子宫炎、急性子宫内膜炎、慢性子宫炎、卵巢机能不全、持久黄体、卵巢囊肿、排卵延迟、繁殖免疫障碍、营养负平衡等引起生殖系统机能复旧延迟等。造成母牛繁殖障碍主要有三种原因：一是饲养管理不当引起（占30%~50%）；二是生殖器官疾病引起（占20%~40%）；三是繁殖技术失误引起（占10%~30%）。主要对策是科学合理的饲养管理，严格繁殖技术操作规范，实施母牛产后重点监控和提高母牛不孕症防治效果。

2. 提高母牛发情检测率和受配率的技术措施

（1）发情检测。发情检测是母牛饲养管理中的重要内容，坚持每天多次发情观察（至少3次），可显著提高母牛发情检测率。实践证明，多次观察能提高发情母牛的检出率，尤其在夏季（因高温发情征状不明显）。日观察2次（6—8点和16—18点）的检出率为54%~69%，日观察3次（8点、14点和20—22点）的检出率为73%，日观察4次（6—8点、12点、16点和20—22点）的检出率为75%~86%，日观察5次（6点、10点、14点、18点和22点）的检出率高达91%。

（2）及时查出和治疗不发情或乏发情母牛。母牛出现不发情或乏发情多数与营养有关，应及时调整母牛的营养水平和饲养管理措施。对因繁殖障碍引起的不发情或乏发情母牛，在正确诊断的基础上，可采用孕马血清促性腺激素（PMSG）、氯前列烯醇（ICI）、三合激素等进行催情，能收到良好效果。据报道，在发情周期中第5~18 d内，两次注射ICI（第一次注射0. 6 mg后，隔11 d再注射0. 6 mg），5 d内处理的同期发情率为92. 58%，显著高于一次性注射（57. 14%）；两次注射的受胎率为84. 62%，较一次性注射（68. 75%）高。

3. 提高母牛受胎率的技术措施

（1）采用优质冻精：精液的好坏直接关系到母牛的受胎率，引进冻精时和在保存期间都应检查精液品质。

（2）输精技术：熟悉直肠把握子宫颈输精方法，把握好适宜的配种时间和输精部位。

（3）治疗：屡配不孕的牛应查明不孕症原因，对症治疗。

4. 提高母牛产犊率和犊牛成活率的技术措施

（1）加强保胎，做到全产。蜀宣花牛配种受孕后，受精卵或胚胎在子宫内游离时间长，一般在受孕后2个月左右才逐渐完成着床过程，而在妊娠最初18 d又是胚胎死亡的高峰期，所以妊娠早期胚胎易受身体内外环境的影响，造成胚胎死亡或流产，所以，加强保胎，做到全产成为提高产犊率的主要措施。首先应实行科学饲养，保证母体及胎儿的各种营养需要；不喂腐烂变质、有强烈刺激性或霜冻的料草和冰冷饮水；防止妊娠牛惊吓、鞭打、滑跌、拥挤和过度运动，对有流产史的牛更要加强保护措施，必要时可服用安胎药或注射黄体酮保胎。

（2）加强培育，做到全活。胎儿60%的体重是在怀孕后期（约100 d）增加的，加强妊娠母牛怀孕后期的饲养管理，有助于提高犊牛的初生体重。初生犊牛在产后1 h内应吃上初乳，以增强犊牛对疾病的抵抗力。生后7～10 d进行早期诱饲，尽快促进牛胃发育。制定合理的犊牛培育方案，保证犊牛生长发育良好。避免犊牛卧于冷湿地面，采食不洁食物，防止腹泻等疾病的发生。

（3）缩短产犊间隔。缩短产犊间隔不仅可以提高繁殖率，而且可以提高产奶量。及时做好产后配种、繁殖障碍病牛的治疗、早期妊娠诊断、早期断奶等工作，是缩短产犊间隔、提高产犊率的重要措施。

【任务实施】

一、母牛的发情鉴定

1. 目的要求

掌握母牛发情的鉴定方法，以便正确确定输精时间。

2. 材料准备

母牛、试情公牛、开腔器、凡士林、手电筒、工作服、毛巾、面盆、肥皂、洗衣粉、酒精棉球、70%酒精、0.1%高锰酸钾溶液、长柄钳、试管、酒精灯、脱脂棉、载玻片、显微镜等。

3. 操作步骤

（1）公牛试情法。将试情公牛（一般采用结扎输精管的公牛）放入母牛运动场内，让其与母牛在一起，详细观察母牛的性欲表现（如喜欢接近公牛或尾随公牛并作频频排尿等动作及接受公牛的爬跨情况等）和公牛的动态变化（如对母牛的亲善程度、喜弄状态和追随爬跨等情况），并将观察结果加以记录。

（2）生殖道的检查。将发情母牛和未发情母牛分别保定于配种架或保定架中，首先观察其外阴部的颜色、形状、大小及充血肿胀程度，并注意有无黏液流出等现象，记录观察到的结果，然后用0.1%高锰酸钾溶液洗擦外阴部，抹干，用拇指和食指翻开阴唇，观察阴道前庭的颜色、湿润度、充血肿胀程度及是否有黏液等；将消毒过的开腔器涂上润滑剂（凡士林），并慢慢插入阴道内（注意不要用力过猛）；移动扩张筒，借助光源（手电筒）寻找子宫颈；详细观察阴道壁的颜色、充血肿胀度、湿润度及有无黏液等；然后观察子宫颈的颜色、形态、开口大小、充血肿胀情况，黏液的量和性状等；慢慢抽出开腔器，并注意有无黏液流出，如有，应收集之，并详细观察其颜色、牵缕性和黏液量。

（3）直肠检查。在直肠内的食指和中指将卵巢固定，然后用拇指的指腹仔细触摸卵巢的表面，缓慢感觉和估测卵巢的质地、大小、形态和卵泡的发育情况；摸完一侧后，不要放过子宫角，按原路将手退回角间沟；然后按前法寻找另一侧卵巢并检查卵巢的情况和有无卵泡发育；检查完后，将手慢慢抽出，记录卵巢的形状、大小、质地及卵泡的发育情况，比较发情母牛和未发情母牛的差异。

根据上述方法的检查结果，综合判断输精适期。组长进行资料汇总，小组讨论后修正后汇报成果。

4. 学习效果评价

序号	评价内容	评价标准	分数	评价方式
1	合作意识	有团队合作精神，积极与小组成员协作，共同完成学习任务	10	小组自评20% 组间互评30% 教师评价30% 企业评价20%
2	发情鉴定	能准确判断母牛是否发情	40	
3	安全意识	有安全意识，未出现不安全操作	15	
4	沟通精神	成员之间能沟通解决问题的思路	15	
5	记录与总结	完成任务，记录详细、清晰	20	
合计			100	100%

二、牛的直肠把握法输精

1. 目的要求

掌握牛直肠把握输精的方法。

2. 材料准备

保定栏、牛输精枪、手电筒、注射器、水盆、毛巾、肥皂、工作服、75%酒精棉球、液体石蜡等；发情适期母牛5头；牛细管冻精适量。

3. 操作步骤

（1）输精前的准备：①输精器械的洗涤与消毒。在输精前，所有器械必须严格消毒。金属开腔器通过火焰消毒后，再用75%酒精棉球擦拭；塑料及橡胶器材可用75%酒精棉球消毒，再用稀释液冲洗一遍；玻璃注射器、输精管可用蒸煮法消毒。②母畜的准备。经发情鉴定确认已到输精时间后，将母畜牵入保定栏内保定，将其尾巴拉向一侧，用夹子固定在被毛上。用温水清洗外阴，再用75%酒精棉球消毒。③精液准备。冷冻精液需用温水解冻，镜检精子活力在0.3以上。将精液吸入输精器或输精管中，细管冻精装入输精枪中，外层装上一次性塑料外套拧紧备用。④术者准备。输精员穿好操作服，将指甲剪短磨光，手臂清洗并消毒。

（2）输精操作：母牛保定后，术者将左手手臂清洗并用肥皂润滑，五指并拢呈锥状，伸入直肠排出蓄粪，在骨盆腔找到并把握住子宫颈，右手持装有精液的输精枪，先斜上方插入阴道5~10 cm，然后平直送到子宫颈口，两手协同配合，将输精枪伸入子宫颈3~5个皱褶处或子宫体内，慢慢注入精液，输精完毕缓缓退出手臂和输精枪。

4. 学习效果评价

序号	评价内容	评价标准	分数	评价方式
1	合作意识	有团队合作精神，积极与小组成员协作，共同完成学习任务	10	小组自评20% 组间互评30% 教师评价30% 企业评价20%
2	输精操作	输精操作步骤正确	40	
3	安全意识	有安全意识，未出现不安全操作	15	
4	沟通精神	成员之间能沟通解决问题的思路	15	
5	记录与总结	完成任务，记录详细、清晰	20	
合计			100	100%

三、母牛妊娠诊断

1. 目的要求

（1）掌握用B超进行母畜早期妊娠诊断的基本方法。

（2）掌握利用直肠检查正确判断母畜妊娠阶段的方法。

2. 材料准备

尚未妊检的牛和妊娠2个月、3个月和6个月的母牛，B型超声波诊断仪，保定绳，长臂手套，0.3%高锰酸钾溶液、纸巾、开腔器、石蜡油、手电筒等。

3. 操作步骤

(1) 外部观察法

母牛妊娠后不出现发情周期（在配种后17~22 d和37~44 d未见发情），食欲增加，被毛变得光亮，性情温驯，行动谨慎，到5个月后腹围明显增大，向右侧突出，乳房开始发育。

(2) 阴道检查法

用开腔器进行妊娠诊断。向阴道内插入开腔器时感到有阻力；打开开腔器后，可看到黏膜苍白、干燥，宫颈口关闭，向一侧倾斜。妊娠1.5~5个月时，子宫口黏液颜色变黄、浓稠；6个月后，黏液变得稀薄、透明，有些排出体外在阴门下方结成痂块。子宫颈位置前移，阴道变得深长。

(3) 直肠检查的手法

操作者摸到子宫颈，再将中指向前滑动，寻找角间沟，然后将手向前、向下，再向后，把2个子宫角都掌握在手内，分别触摸。经产牛子宫角有时不呈绵羊角状而垂入腹腔，不易全部摸到，这时可握住子宫颈，将子宫角向后拉，然后手沿着肠管向前迅速滑动，握住子宫角，这样逐渐向前移，就能摸清整个子宫角。摸过子宫角后，在其尖端外侧或其下侧寻找到卵巢。

妊娠18~25 d，子宫角变化不明显，一侧卵巢上有黄体存在，则疑似妊娠。妊娠30 d，两侧子宫角已不对称，孕角比空角略粗大、松软。稍用力触压，感觉子宫内有波动，收缩反应不敏感，子宫角最粗处壁薄，空角较厚且有弹性；用手指从子宫角基部向尖端轻轻滑动，偶尔可感到胎胞从指间滑过。

妊娠60 d，直检可发现孕角比空角粗约两倍，孕角有波动，用指腹从角尖向角基滑动中，可感到有胎囊由指间掠过，胎儿如鸭蛋或鹅蛋大小，角间沟稍变平坦，但仍清晰可辨。此时，一般可确诊。

妊娠90 d，孕角继续增大，孕角大如婴儿头，波动明显，子宫已开始沉入腹腔。空角比平时增长1倍，很难摸到角间沟，有时可以摸到胎儿，孕角子宫动脉根部已有轻微的妊娠脉搏。

妊娠120 d，子宫已全部沉入腹腔，只能摸到子宫的后部及该处的子叶，子叶直径2~5 cm，子宫颈沉移到耻骨前缘下方，不易摸到胎儿，子宫中动脉逐渐变粗如手指，并出现明显的妊娠脉搏。

4. 学习效果评价

序号	评价内容	评价标准	分数	评价方式
1	合作意识	有团队合作精神，积极与小组成员协作，共同完成学习任务	10	小组自评 20% 组间互评 30% 教师评价 30% 企业评价 20%
2	妊娠诊断	准确判断母牛是否妊娠	40	
3	安全意识	有安全意识，未出现不安全操作	15	
4	沟通精神	成员之间能沟通解决问题的思路	15	
5	记录与总结	完成任务，记录详细、清晰	20	
合计			100	100%

【任务反思】

1. 简述蜀宣花牛的初配年龄、产后配种时间。

2. 简述蜀宣花牛的发情鉴定、输精和妊娠诊断的方法及步骤。

任务三　蜀宣花牛犊牛饲养管理

【任务目标】

知识目标：1. 掌握犊牛的饲养管理方法。

　　　　　2. 掌握犊牛的早期断奶方法。

技能目标：能制定犊牛早期断奶方案，并进行犊牛早期断奶。

【任务准备】

一、犊牛的饲养

（一）及时哺喂初乳

初乳是指母牛分娩后 1 周内所分泌的乳汁。初乳对犊牛有特殊的生理意义，是初生犊牛不可缺少和替代的营养品，必须及时、足量哺喂初乳。初乳为犊牛提供丰富而易消化的营养物质，初乳黏性大，溶菌酶含量和酸度高，可以覆盖在胃肠壁上，防止细菌的入侵和抑制细菌的繁殖；初乳中含大量的免疫球蛋白，可帮助犊牛建立免疫反应。犊牛出生 1 h 内哺喂初乳，第一次哺喂量不得低于 1.5 kg，每日初乳哺喂量应占犊牛体重的 10% 左右，分 3 次供给，并保持初乳温度为 36~38℃。

（二）常乳哺喂

常乳哺喂有人工哺喂法和保姆牛哺育法两种。

（1）人工哺乳：初乳哺喂过后，犊牛逐步转入常乳哺喂。每次哺喂最好在挤完乳后立即进行，做到定时、定量、定温饲喂，每日奶量分 2~3 次喂给。如 2~3 月龄断奶，全期用奶量为 250~300 kg；如 3~4 月龄断奶，全期用奶量为 300~350 kg。

（2）保姆牛哺育法：采用该法时应注意选择健康无病的母牛作为保姆牛，犊牛直接随母牛哺乳，根据母牛的产奶量，一头保姆牛一般可哺喂 2~4 头犊牛。该法的优点是方便，节省人力和物力，易管理，犊牛能吃到未污染且温度适宜的牛乳，消化道疾病少。

（三）早期补饲

早期补饲植物性饲料，刺激瘤胃发育。

（1）补饲青干草：犊牛出生一周后开始训练采食青干草，其方法是将优质青干草放于饲槽或草架上，任其自由采食。

（2）补喂精饲料：犊牛出生一周后即可训练采食精饲料，精饲料应适口性好，易消化并富含矿物质、微量元素和维生素等。其方法是在喂奶后，将饲料抹在奶盆上或在饲料中加入少量鲜奶，让其舔食。喂量由少到多，逐渐增加，以食后不腹泻为原则，当能吃完 100 g/d 时，每日精饲料量分两次喂给。1 月龄时达 100 g 左右，2 月龄时达 500 g 左右，3 月龄达 1 000 g 左右。

（3）补喂青绿多汁饲料：犊牛出生 20 d 后可补喂青绿多汁饲料，如胡萝卜、瓜类、幼嫩青草等，开始每天 20 g，后逐渐增加，2 月龄时可为 1.5~2 kg/d。

（4）补喂青贮饲料：2 月龄后补充青贮饲料，开始时 100 g/d，3 月龄时为 1.5~2 kg/d。

（四）断奶至 6 月龄饲养

犊牛 3 月龄左右即可断奶，断奶后继续供给补饲精饲料，每天 1 kg 左右，自由采食粗饲料，尽可能饲喂优质青干草，日增重控制在 600 g 左右。

二、犊牛早期断奶技术

犊牛早期断奶，就是在犊牛出生后 1 周内喂给初乳，1 周后改喂常乳，并开始训练犊牛采食代乳料，任其自由采食，并提供优质青干草，当每天可吃到 1 kg 左右的代乳料时，即行断奶。早期断奶是根据犊牛瘤胃的发育特点，通过缩短哺乳期，减少喂奶量，促使犊牛提前采食饲草料。

为达到早期断奶的目的，应严格控制犊牛喂奶量，同时及早补饲。犊牛早期断奶方案如表 3-2，喂乳总量可控制在 300 kg 左右。

表 3-2　犊牛早期断奶补饲方案

日龄	0~7	8~14	15~30	31~50	51~60	61~70	71~90
喂代乳料量/(kg · d^{-1})	—	训练	0.2	0.3	0.4	0.6	0.8~1.0
喂青贮饲料量/(kg · d^{-1})	—	训练	—	—	自由采食	—	—

犊牛断奶后，应继续喂代乳料至 6 月龄，日喂料控制在 1.0~1.5 kg。6 月龄以后，逐渐换成育成牛日粮。

三、犊牛管理

（一）清洁卫生

包括哺乳卫生、牛栏卫生和牛体卫生。哺喂犊牛的牛奶和草料应清洁、新鲜，禁止饲喂变质的奶和草料。饲喂要做到三定（定质、定时、定量），饲喂的奶温度应保持在 32~38℃，喂后用干净的毛巾将犊牛口边的残奶、残料擦净，防止犊牛形成舐癖。饲喂用具在使用前后需清洗和消毒。犊牛栏勤打扫，保持犊牛栏和垫草的清洁、干燥，定期消毒牛栏、牛舍。每天定时刷拭牛体，保证牛体和牛舍清洁。

（二）保温和通风

冬季犊牛舍要尽可能保温，舍内阳光充足，通风良好，使空气新鲜，但注意防止贼风、穿堂风。夏季犊牛舍保持空气流通，防晒、防暑，推荐使用风机降温。

（三）饮水

保证供给犊牛清洁的饮水，喂奶期犊牛用 32~38℃ 清洁饮水，以奶水 2∶1 的比例混匀饲喂，2 周后可饮用常温水。1 月龄后，除混入奶中饲喂外，还应在犊牛栏内或活动场所设置饮水槽，供给充足的清洁饮水，让其自由饮水。

（四）生长发育测定和编号

犊牛出生后要进行编号和称测体重，3 月龄、6 月龄时要分别称测体重和测量体尺，建立健全档案资料，便于查询，及时掌握生长发育情况和改进调整饲喂方案。

（五）穿鼻

犊牛断奶后，在 6~12 月龄时应根据饲养的需要适时进行穿鼻，便于管理，留作种用的及时戴上鼻环。

（六）去副乳头、去角

犊牛出生 5 d 后可用电烙铁去角并剪去副乳头。去角更有利于犊牛的育肥和群饲的管理。去角的适宜时间多在出生后 7~10 d，使用电烙法，将电烙器加热到一定温度后，牢牢地压在角基部直到其下部组织烧灼成白色为止（烧灼不宜太久太深，以防烧伤下层组织），再涂以青霉素软膏或硼酸粉。

（七）母犊分栏

犊牛出生后即在靠近产房的单栏中饲养，每犊一栏，隔离管理，一般 1 月龄后才过渡到群栏。

（八）刷拭

在犊牛期，由于基本上采用舍饲方式，皮肤易被粪及尘土所黏附而形成皮垢，不仅降低皮毛的保温与散热能力，而且使皮肤血液循环恶化而患病，因此，推荐对犊牛每日刷拭 1~2 次。

（九）运动与放牧

犊牛从 8~10 日龄起，即可开始在犊牛舍外的运动场做短时间的运动，以后可逐渐延长运动时间。如果犊牛出生在温暖的季节，开始运动的日龄还可适当提前，但需根据气温的变化，掌握每日运动时间，可以从生后第 2 个月开始放牧，运动对促进犊牛的采食量和健康发育都很重要，应安排适当的运动场或放牧场，场内要常备清洁的饮水，在夏季必须有遮阳条件。

【任务实施】

犊牛早期断奶方案的制定

1. 目的要求

掌握犊牛早期断奶方案制定的方法。

2. 材料准备

白纸、笔、电脑等。

3. 操作步骤

教师将学生分组，每组 5~8 人并选出组长，组长负责本组操作分工。小组成员通过网络、书籍等查询资料。根据所学知识，制定一份蜀宣花牛犊牛的早期断奶方案。组长进行资料汇总，小组讨论修正后汇报成果。

4. 学习效果评价

<table>
<tr><th>序号</th><th>评价内容</th><th>评价标准</th><th>分数</th><th>评价方式</th></tr>
<tr><td>1</td><td>合作意识</td><td>有团队合作精神，积极与小组成员协作，共同完成学习任务</td><td>10</td><td rowspan="4">小组自评 20%
组间互评 30%
教师评价 30%
企业评价 20%</td></tr>
<tr><td>2</td><td>方案制定</td><td>早期断奶方案制定合理，符合犊牛需求</td><td>40</td></tr>
<tr><td>3</td><td>沟通精神</td><td>成员之间能沟通解决问题的思路</td><td>30</td></tr>
<tr><td>4</td><td>记录与总结</td><td>完成任务，记录详细、清晰</td><td>20</td></tr>
<tr><td colspan="3">合计</td><td>100</td><td>100%</td></tr>
</table>

【任务反思】

1. 简述犊牛饲养管理的方法。
2. 犊牛为何实行早期断奶？如何实行早期断奶？

任务四　成年牛饲养管理

【任务目标】

知识目标：1. 掌握后备种公牛的选择与培育方法。
2. 掌握育成牛的饲养管理方法。
3. 掌握初孕牛和产奶母牛的饲养管理方法。
4. 掌握干乳期及围产期饲养管理方法。

技能目标：能够饲养育成牛、初孕牛和产奶母牛。

【任务准备】

一、后备种公牛的选择与培育

（一）后备种公牛的选择原则

按照蜀宣花牛种公牛性状性能要求，选择 6 月龄以上、体重在 180 kg 以上者，按照外貌、性能等进行定向选育。

（1）按照外貌特征进行选择：以头形、角形、被毛颜色、背腰平直度、蹄形等质量性状为重点，通过选择和淘汰，培育被毛颜色为黄白花或红白花、角形为照阳角、背腰平直、蹄形端正的个体。

（2）按照体型外貌线性评定进行选择：按照蜀宣花牛体型外貌线性评定标准，对选育的蜀宣花牛公牛进行线性评定，线性评定要求85分以上。

（3）按照体重、体尺标准要求进行选择：蜀宣花牛后备种公牛的体重体尺按培育目标（表3-3）进行培育和鉴定。

表3-3　后备种公牛体重体尺培育目标

月龄	体高/cm	体斜长/cm	胸围/cm	管围/cm	体重/kg
9	113.4±3.36	132.1±5.12	151.7±3.77	16.2±0.93	230.4±22.41
12	118.7±1.43	141.5±3.24	163.2±2.39	18.4±0.49	318.0±25.35
18	133.1±3.17	159.8±1.79	176.6±4.71	19.7±0.83	465.9±16.48

（二）后备种公牛的培育

经选择出的公犊牛断奶后即进入种公牛培育期，其中6~18月龄是培育后备种公牛的关键时期。培育的主要任务是保证后备种公牛的正常发育和种用选择。后备期种公牛的生长发育很快，生长旺盛，6~10月龄是牛一生中生长最旺盛的时期，但不同组织器官有着不同的生长发育规律。7~8月龄骨骼发育较快，12月龄以后性器官及第二性征发育很快，体躯向高度方向急剧发展。除供给优质的牧草、青干草和多汁饲料外，还必须供给充足的精饲料。同时，通过制订生长计划来控制后备种公牛的体型按照培育方向发展。加强种公牛接受配种指令及行为训练。注意矿物质，尤其是钙、磷、钠、氯的供给，保证微量元素、维生素A和维生素E的供给，促进性器官发育。

（三）各类饲料的具体搭配

根据种公牛的营养需要，在饲料的安排上，应该是配合饲料，多样化配合，适口性强，容易消化，精、粗、青饲料搭配得当。蛋白质饲料以生物学价值高的豆粕等为重点，尽量少使用棉粕、菜粕等。精饲料的比例，以占总营养价值的40%左右为宜。

（1）饲料搭配：多汁饲料和粗饲料不可过量，防止形成“草腹”而影响种用效能。碳水化合物含量高的饲料（如玉米），按饲养标准配制，不宜过高，否则易造成种公牛过肥，导致配种能力降低。豆饼等富含蛋白质的精饲料，属于酸性饲料，不宜过多，对精子的形成很不利。青贮饲料属于碱性饲料，但青贮饲料含有大量的有机酸，不宜过多喂量。钙、食盐等矿物质，与种公牛的健康和精液品质有直接的关系，尤其是钙（碳酸钙或碳酸氢钙）必须保证，否则不利于骨骼的发育。食盐可刺激消化机能、增进食欲和正常代谢，但喂量不宜超过精饲料的0.5%，过量对种公牛的性机能有一定程度的抑制作用。

（2）各类饲料的日给予量：必须保证优质精饲料的原材料品质，按每100 kg体重给予精饲料0.4~0.6 kg，一头种公牛精饲料日给量在5~6 kg为宜，最高不要超过8 kg。青贮饲料的喂量，按每100 kg体重给予青干草1~1.5 kg、青贮饲料0.6~0.8 kg、胡萝卜0.8~1.0 kg。青贮饲料的日给量总量控制在10~12 kg。夏季多喂刈割野草（中等品质，以禾本科牧草为主），按每100 kg体重给予2~3 kg。此外，在有必要的情况下（如采精较频繁），每头种公牛每天可补喂鸡蛋0.2~0.4 kg（或牛乳2~3 kg，或鱼粉100~150 g）、钙制剂100~150 g、食盐70~80 g。

二、公牛的饲养管理

（一）育成公牛的管理

公、母犊牛在饲养管理上几乎相同，但进入育成期后，两者在饲养管理上有所不同，必须按不同年龄和发育特点区别对待。

（1）饲养：育成公牛的生长比育成母牛快，需要的营养物质较多，特别需要以补饲精饲料的形式提供营养，促进其生长发育和性欲发展。对育成公牛，应在满足一定量精饲料供应的基础上，自由采食优质的精、粗饲草料。6~12月龄，粗饲料以青草为主时，精、粗饲料（干物质基础）的比例为55∶45；以青干草为主时，相应比例为60∶40。在饲喂豆科或禾本科优质牧草的情况下，对于周岁以上育成公牛，混合精饲料中粗蛋白的含量以12%左右为宜。

（2）管理：育成公牛应与母牛分群饲养。选留种公牛6月龄开始戴笼头，拴系饲养。为便于管理，8~10月龄时穿鼻戴环，应坚持左右侧双绳牵导。对烈性公牛，需用牵引棒牵引。种用公牛必须坚持运动，上、下午各进行一次，每次1~2 h，行走距离4 km左右，运动方式有旋转架、套爬犁或拉车等。每天刷拭牛体2次，每次刷拭10~15 min，有利于人牛亲和，易于调教驯服。此外，注意洗浴和修蹄。

（二）后备种公牛的管理

经常梳刮和调教，保持牛体清洁，实现人畜亲和，培养公牛温顺的性格，便于管理。每天刷拭2次，每次10~15 min，培育后备公牛的温顺性情。保持自由活动，增强体质。制订合理的生长计划，确定不同日龄的日增重幅度，以保持适宜的生长率，12~18月龄日增重控制在700 g左右，促进体前躯和体高的生长发育，防止饲喂过肥。18月龄后体重达450 kg可开始初配。

（1）体重：用磅秤或电子秤实际测公牛的初生、3月龄、6月龄、12月龄和18月龄体重。初生体重应在出生后擦干被毛第一次喂奶前称重，3月龄、6月龄、12月龄和18月龄于早晨空腹称测。

（2）体尺：在3月龄、6月龄、12月龄和18月龄，在称重的同时，对犊牛的体高、体斜长、胸围、管围等主要体尺指标进行测定。

（三）生产种公牛的管理

要管理好生产种公牛，首先应了解它的习性。从生理的角度看，种公牛和别的种公畜不太一样，它具有“三强”的特性，即记忆力强、防御反射强和性反射强。

（1）记忆力强：种公牛对它周围的事物和人，只要过去曾经接触过，便能记得住，印象深刻者，多年也不会忘记。例如，过去给它进行过治疗的兽医人员或者曾严厉鞭打过它的人，接近时即有反感的表现。

（2）防御反射强：种公牛具有较强的自卫性，当陌生人接近时，立即表现出要对陌生人进行攻击的姿势。因此，不了解种公牛特性的外来人，切勿轻易接近它。

（3）性反射强：公牛在采精配种时，勃起反射、爬跨反射与射精反射都很快，射精时冲力很猛。在种公牛的饲养管理过程中应采取“驯导为主，恩威并施”的原则。

种公牛应保证充足的饮水，但配种或采精前后，运动前后0.5 h内都不要饮水，以免影响公牛的健康，更不要饮脏污水、冰碴水。

三、育成母牛的饲养管理

（一）育成母牛的特性

断奶至初产这一阶段的母牛，称为育成牛。育成阶段的牛生长发育迅速，发病较少，这一时期的培育，不仅要获得较高的增重，而且要保证心血管系统、消化系统、呼吸系统、乳房及四肢的正常发育，提高身体素质，使其将来能充分发挥遗传潜力，高产长寿。

育成牛阶段，正值体型成熟、生殖器官快速发育、消化器官急剧增大、骨骼肌肉迅速生长、乳腺快速发育的阶段，特别是第一次产犊前的乳腺发育与终生泌乳量有关。随着日龄的增加，胃肠容积增大，对粗饲料的消化能力逐步提高，犊牛阶段的发育不足，可在此阶段补偿。对日粮营养水平的要求逐渐降低，但钙、磷的需要量大增，所以饲养管理可以稍粗放些，但要保证体重稳定增长，否则体重不达标，影响初配。

（二）育成母牛的饲养

在饲养上，既要保证牛体充分生长发育，又不能使营养水平太高。要使其在16~18月龄配种时的体重为350~380 kg，最高不超过450 kg。育成牛的日粮应以青贮饲料为主，补喂适量精饲料。在有条件的地方，育成母牛应以放牧为主。冬、春季舍饲时应喂给大量优质青干草及青贮饲料。

1. 断奶至12月龄阶段

此段时期为母牛性成熟期，母牛的性器官和第二性征发育很快，体躯向高度和长度两个方向急剧生长，达到生理上的最高生长速度。同时，前胃已相当发达，容积增大1倍左右。因此，在饲养上要求既能提供足够的营养，又具有一定的容积以刺激前胃的继续发育。除给予优质的青干草和青饲料外，还需补充一定的混合精饲料。组织日粮时，粗饲料可占日粮总营养的50%~60%，混合精饲料占40%~50%，到周岁时粗饲料逐渐增加到70%~80%，精饲料降至20%~30%。不同的粗饲料要求搭配的精饲料质量也不同，用豆科青干草做粗饲料时，精饲料需含8%~10%的粗蛋白；若用禾本科青干草做粗饲料时，精饲料应含10%~12%的粗蛋白；用青贮做粗饲料，则精饲料应含12%~14%的粗蛋白。按每100 kg体重计，每天喂给青干草1.5~2 kg、青贮饲料5~6 kg、秸秆1~2 kg、精饲料1~1.5 kg、碳酸钙和食盐各25 g。

2. 12月龄至初配阶段

为了刺激消化器官的进一步发育，日粮应以粗饲料和多汁饲料为主，少量补给精饲料，要保证在配种前体重能达到成年牛的70%左右。日粮应以青、粗饲料为主，比例保持在日粮干物质总量的75%，其余25%为混合精饲料，日粮粗蛋白质水平为12%，以补充能量和蛋白质的不足。饲养时可在运动场放置青干草、秸秆等满足其需要。

3. 初配至产第一胎犊牛阶段

此期的育成牛已配种受胎，个体生长速度渐慢，体躯显著向宽、深发展。日粮以品质优良的青干草、青草、青贮饲料和块根、块茎类为主，精饲料可适量添加或不添加。到妊娠后期，由于胎儿生长迅速，必须另外补加精饲料，每天喂给1~2 kg。按干物质计算，粗饲料占70%~75%，精饲料占25%~30%。如有放牧条件，育成牛应以放牧为主，在优良草地放牧，可减少精饲料30%~50%的用量。放牧回舍，如牛未吃饱，仍应补喂一些青干草和多汁饲料。

总之，育成母牛的培育，应以大量的粗饲料和多汁饲料为主，补充少量精饲料，有利于成年后高产性能的发挥。对育成公牛，则要适当增加日粮中精饲料的给量，减少粗饲料量，以免形成“草腹”，影响将来的采精或配种及使用寿命。

此段时期内牛进入配种繁殖期，在此期间应以优质青干草、青草或青贮饲料为基本饲料，精饲料可少喂甚至不喂。到妊娠后期，由于体内胎儿生长迅速，每天须补充混合精饲料1~2 kg。

（三）育成母牛的管理

1. 分群

育成母牛应与育成公牛分开饲养，以年龄阶段组群，将年龄和体格大小相近的牛分在一群，同群牛月龄差异不超过2个月、体重不超过30 kg。

2. 定期称重

定期称取体重，测量体尺，检查生长发育状况。根据体重和发育情况随时调整日粮，做到适时配种。

3. 定槽定位

拴系式圈养管理的牛群，采用定槽定位是必不可少的，使每头牛有自己的牛床和食槽。牛床和食槽要定期消毒。育成母牛以散栏式饲养为好。

4. 加强运动

充足的运动是培育育成牛的关键之一。在饲舍条件下，每天至少要有2 h的运动时间，以增强体质，锻炼四肢、促进乳房、心血管系统及消化系统、呼吸系统的发育。有放牧条件的母牛可不必考虑。

5. 转群

育成母牛在不同生长发育阶段，生长速度不同，应根据年龄、发育情况按时转群。一般在12月龄、18月龄、受胎后或分娩前2个月共进行3次转群。同时称测体重并结合体尺测量，对发育不良的个体进行及时调整。

6. 乳房按摩

对于乳用蜀宣花牛母牛，为了刺激其乳腺的发育和促进产后泌乳，提高泌乳性能，12月龄后应开始按摩乳房，每天1次，每次5~10 min。18月龄后的妊娠母牛每天按摩2次，每次按摩时用热毛巾敷擦乳房，临产前1~2月停止按摩。按摩时切忌擦拭乳头，以免擦去乳头周围的保护物，引起乳头龟裂或因病原菌从乳头孔侵入发生乳房炎。

7. 刷拭、调教

为了保持牛体清洁，促进皮肤代谢和驯成温顺的脾气，每天刷拭牛体 1~2 次，每次 5~8 min，要训练栓系、定槽认位，以便于后期的挤乳和管理。

8. 初配

育成母牛的初配时间，应根据月龄和发育状况而定，蜀宣花牛一般在16~20月龄，体重在 350~380 kg 即可配种。目前有配种提前的趋势，最常见的是 15~18月龄初配。就群体而言，育成母牛满 18 月龄，体重达到成年时的 70%（250 kg 以上）即可配种。育成母牛发情表现不如成年母牛明显和有规律性，所以在育成母牛达到配种年龄或体重时，应随时注意观察其发情表现，以防漏配。

9. 保胎护产

对妊娠的青年母牛要单独组群，防滑倒，防相互顶撞，防拥挤，不急赶，不走陡坡，不饮冰渣水，禁喂发霉变质的饲料，精心管理。春秋两季驱虫，定期检疫和防疫注射。做好防暑防寒等工作。

四、泌乳期母牛的饲养管理

（一）泌乳初期母牛的饲养管理

产奶母牛在泌乳初期，为防止消化不良及减轻乳房水肿，产后 3 d 内可让其自由采食优质青干草及少量麸皮（0.5 kg）；4~5 d 后日粮以少量青草、青贮饲料及块根饲料为主；以后根据乳房状况和消化情况逐渐增加喂量。产犊 3 d 后日粮中加入混合精饲料 1.0~1.5 kg，以后每隔 2~3 d 增加 0.5~1.0 kg。增量不可过急，特别是饼类饲料，不宜突然大量增加，否则易使母牛消化机能紊乱，导致消化不良和腹泻。在增料过程中，还应注意检查乳房的硬度、温度是否正常，如发现乳房红肿、热痛时应及时治疗。有的奶牛产后乳房没有水肿，身体健康，食欲旺盛，可喂给适量精饲料和多汁饲料，6~7 d 后便可按标准喂量饲喂，挤乳次数和方法也可照常。对个别体弱的产奶牛，在精饲料内可加些健胃药剂等。一般奶牛产后 15~20 d 体质便可恢复，乳房水肿也基本消失，乳房变软，这时日粮可增加到产乳量所需要的标准喂量。

在管理上，产后头几天，可根据乳房情况，适当增加挤乳次数，每天最好挤乳 4 次以上。高产母牛产犊后，因其乳腺分泌活动的增强很迅速，乳房水肿严重，在最初几天挤乳时不要将乳汁全部挤净，留有部分乳汁，以增强乳房内压，减少乳的形成。产后第 1 d，每次只挤乳 2 kg 左右，够犊牛饮用即可，第 2 d 挤出全天产乳量的1/3，第3 d挤出1/2，第4 d挤出3/4或者完全挤干，每次挤乳时要充分按摩与热敷乳房10~20 min，使乳房水肿迅速消失。对低产和乳房没有水肿的母牛，可一开始就将乳挤干净。对体弱或3胎以上的高产奶牛，产后3 h内静脉注射20%葡萄糖酸钙500~1 500 mL，可有效预防产后瘫痪。

产后1周内，每天必须有专人值班，如发现母牛有疾病应及时治疗。如胎衣不下，夏季24 h、冬季48 h后应手术剥离。牛舍内要严防穿堂风，牛床上必须铺清洁干燥的褥草，以防止牛蹄及乳头损伤。

（二）泌乳盛期母牛的饲养管理

母牛产犊后21~100 d称为泌乳盛期。此阶段母牛身体体况恢复，乳房水肿消退，泌乳机能增强，处于泌乳高峰期，而采食量尚未达到高峰，奶牛摄入的养分不能满足泌乳的需要，不得不动用体内储备来支撑泌乳。因此，从泌乳盛期开始，母牛的体重会有所下降。特别要注意高产奶牛的情况，如果体脂肪动用过多，在葡萄糖不足和糖代谢障碍时，会造成脂肪氧化不全，导致牛暴发酮病，必须通过加强管理预防。

1. 提高日粮能量水平

泌乳盛期的主要任务是提高产乳量与减少体重消耗。此阶段奶牛大量泌乳，采食量尚未达到高峰，牛体迅速消瘦。饲养上，应增加精饲料饲喂量，提高日粮能量水平和蛋白质含量，可适当添加植物性油脂或脂肪酸钙、棕榈酸酯等以补充能量的不足。

2. 提高过瘤胃蛋白质的比例

泌乳盛期常会出现蛋白质供应不足的问题，饲料中的蛋白质由于瘤胃微生物的降解，到达真胃的菌体蛋白质和一部分过瘤胃蛋白质很难满足奶牛对蛋白质的需要量，因此要补充降解率低的饲料蛋白质，还可添加蛋白质保护剂降低其在瘤胃的降解率，也可在日粮中添加经保护的必需氨基酸（如蛋氨酸），从而满足高产期奶牛对蛋白质的需求。

3. 采用引导饲养法

引导饲养法是为了大幅提高产乳量，从临产前15 d开始，直到泌乳达到最高峰时，给予奶牛高能量、高蛋白日粮的一种饲养方法。

具体做法是：从母牛预期产犊前15 d开始，在日喂精饲料1.8 kg的基础上，逐日增加0.45 kg精饲料，到分娩时精饲料给量可为体重的0.5%~1.0%。待母牛分娩后，若体质正常，可在分娩前加料的基础上，继续逐日增加0.45 kg的精饲料，直到日采食精饲料量为母牛体重的 1.0%～1.5%为止，或精饲料达到自由采食。待泌乳盛期过后，再调整精饲料饲喂量。整个引导期要保证提供优质饲草任其自由采食，以减少母牛消化系统疾病的发生。

引导饲养法的优点有：

（1）可使母牛瘤胃微生物得到及时调整，以逐渐适应产后的高精饲料日粮。

（2）可促进干乳母牛对精饲料的食欲和适应性，防止酮血病发生。

（3）可使多数母牛出现新的产乳高峰，增产趋势可持续整个泌乳期。

引导饲养法对高产奶牛效果显著，而会使中低产奶牛过肥，对产乳不利。对引导无效的奶牛，应调整出高产奶牛群。

4. 补充矿物质和维生素

在奶牛的整个泌乳盛期，应提高日粮中钙、磷的含量，同时添加含有锌、锰、镁、硒、铜、碘、钴及维生素 A、维生素 D、维生素 E 等组成的复合添加剂，以满足产奶母牛对各种营养元素的需要。

5. 添加缓冲物质，调节瘤胃 pH 值

为了防止精饲料饲喂过多造成瘤胃 pH 值下降，在日粮中每日添加氧化镁 30 g 或碳酸氢钠 100～150 g，以调节瘤胃 pH 值。

6. 加强挤奶管理

在管理上，要注意保护乳房和环境卫生。随着产乳量上升，乳房体积膨大，内压增高，乳头内充满乳汁，很容易感染病菌而引起乳房炎。所以，要加强乳房的热敷和按摩，每次挤乳后对乳头进行药浴。牛床上应铺有柔软、清洁的垫草，奶牛活动区要经常消毒，保持清洁卫生；挤乳用具要定期消毒，对酒精阳性乳、隐性乳房炎及临床乳房炎患牛必须及时治疗；还要尽快使子宫恢复机能，发情后适时配种，以缩短产犊间隔。

（三）泌乳中后期母牛的饲养管理

泌乳中期是指产后 101～200 d 的时期。这一阶段的特点是产乳量缓慢下降，每月下降幅度为 5%～7%，体重、膘情逐渐恢复。多数母牛处于怀孕早期至中期。饲养管理的主要任务是减缓泌乳量的下降速度。

泌乳中期仍是稳定高产的良好时机。饲养上，日粮营养逐渐调整到与母牛体重和产乳量相适应的水平，即适当减少精饲料用量，逐步提高青粗饲料的比例，力求使产乳量下降幅度降到最低程度。管理上，要加强运动，正确挤乳及乳房按摩，供给充足饮水。对妊娠母牛注意保胎，对未孕母牛做好补配工作。

泌乳后期是指母牛产犊后 201 d 至停乳前的时期。此阶段的特点是母牛已到妊娠中后期，产乳量急剧下降，胎儿生长发育很快，也是母牛体重恢复的阶段，母牛需要大量营养来满足胎儿快速生长发育的需要。此阶段既要考虑母牛恢复体况，又要防止母牛过肥。

在饲养上，日粮中应含有较多的优质粗饲料，根据奶牛产乳量、体况确定精饲料补给量，以满足母牛泌乳、体况恢复、胎儿生长的需要，为下一泌乳期持续高产打好基础。对体况消瘦的母牛，要增加营养，尽快恢复体重。在管理上，要注意保胎护产。

（四）干奶期母牛的饲养管理

泌乳母牛的干乳期一般为 60 d 左右，是母牛饲养管理过程中的一个重要环节。干乳期时间的长短、干乳方法是否恰当、干乳期饲养管理是否合理等对胎儿的生长发育、母牛的健康及下一个泌乳期泌乳性能的高低都有很大的影响。

1. 干乳方法

干乳是通过改变泌乳活动的环境条件来抑制乳汁分泌。根据产乳量和生理特性，干乳方法可分为逐渐干乳法和快速干乳法两种。

（1）逐渐干乳法：在预计干乳前 1~2 周，通过变更饲料，逐渐减少青草、青贮饲料、多汁饲料及精饲料的饲喂量和饲喂次数，限制饮水，延长运动时间，停止乳房的按摩，减少挤乳次数（3 次减为 2 次，再减为 1 次），改变挤乳时间等办法抑制乳腺的分泌活动，当日产乳量降到 4~5 kg，挤净最后一次后即可停止挤乳。这种方法安全，但比较麻烦，需要时间长，适用于高产奶牛。

（2）快速干乳法：在预计干乳日直接停止挤乳，以乳房内乳汁充盈的高压力来抑制乳汁的分泌活动，从而达到停乳。

具体做法是：在预计干乳的当天，用 50℃温水洗擦并充分按摩乳房，将乳彻底挤净后，即停乳。最后一次挤完乳后用 5%的碘酊浸一浸乳头，并在每个乳头孔内注入长效抑菌药物，然后用火棉胶封闭乳头，乳房中存留的乳汁，经 3~5 d 后逐渐被吸收。这种方法因饲养管理没有改变，快速果断，断乳时间短，省时、省力，不影响母牛健康和胎儿生长发育。但对曾患过乳房炎或正在患乳房炎的母牛不合适。

特别需要提醒的是，干乳前必须检查妊娠情况，确定妊娠后再干乳，但操作应谨慎，以防流产。

2. 干乳期母牛的饲养管理

干乳期母牛的饲养管理可分干乳前期和干乳后期两个阶段。

（1）干乳前期的饲养：从干乳开始到产犊前2周为干乳前期。此期对营养状况不良的母牛，要给予较丰富的营养，使其在产前有中上等膘情，体重比泌乳末期增加50~80 kg。

（2）干乳后期的饲养：产犊前2周至分娩为干乳后期。此阶段应提高母牛日粮中精饲料水平，以贮备产犊后泌乳的营养，尤其是高产母牛的精饲料水平应更高些。母牛产前4~7 d，如乳房过度膨胀或水肿严重，可适当减少或停喂精饲料及多汁饲料；如果乳房不硬，则可照常饲喂各种饲料。产前2~3 d，日粮中加入麸皮等具有轻泻性的饲料，以防便秘。

（3）干乳期的管理要点：做好保胎工作。保持饮水清洁卫生，冬季饮水温度应保持在10~15℃，不喂发霉变质和霜冻结冰的饲料。当孕牛腹围不随妊娠月龄增大时，应及时进行检查，防止出现妊娠中断而引起产犊间隔延长现象。当母牛腹围过大，乳房水肿时，应减少其站立时间，提前将母牛放出舍外，让其自由活动。产前14 d进入产房，进产房前应对产房进行彻底消毒，铺垫干净柔软的垫料，并设专人值班。有条件的饲养场可设干奶牛舍，将产前3个月的头胎牛和干奶牛进行集中饲养。

坚持适当运动，但必须与其他牛群分开，以免互相挤撞造成流产。干乳母牛缺少运动，容易过肥，导致难产。

坚持按摩乳房，促进乳腺发育。一般干乳10 d后开始乳房按摩，每天1次。但产前出现乳房水肿（经产牛产前15 d，头胎牛产前30~40 d）应停止按摩。

加强牛体刷拭，保持皮肤清洁。

五、产仔母牛的饲养管理

（一）围产期母牛的饲养管理

奶牛分娩前后2周这一段时间称为围产期，这段时间母牛将在产房中度过。在此期间，奶牛从干奶转为泌乳，生理上经受着极大的应激，表现为食欲减退，对疾病的抵抗力下降，容易出现消化、代谢紊乱、酮病、产褥热、皱胃移位等疾病都可在此期发生，有证据表明，这段时间乳腺炎的发病率远远高于其他时期。

1. 围产前期的饲养管理

分娩前7~10 d母牛的食欲下降，此时应通过提高日粮营养浓度来保持其采食营养物质的量。从分娩前2周开始，逐渐增加精饲料的喂量（每天增加0.5 kg）到奶牛体重的1.0%，以便适应产后高精饲料日粮。增加精饲料的同时，应适当补充烟酸（6~12 g），降低酮病和脂肪肝的发病率。降低日粮中钙的含量和采用阴离子日粮可以有效防止乳热症的发生。还有资料表明添加维生素 E 有助于减少胎衣滞留，有利乳房的健康。

围产期牛进入产房前，产房应按规定严格消毒，铺上清洁干燥的垫草。产房昼夜必须有人值班。一旦发现母牛表现精神不安、停止采食、起卧不定、后躯摆动、频频回头、频排粪尿、鸣叫等临产征候时，应立即用 0.1%的高锰酸钾液（或其他消毒液）擦洗生殖道外部及后躯，并备好消毒药品、毛巾、产科绳及剪刀等接产用具。

2. 围产后期的饲养管理

母牛分娩体力消耗很大，分娩后应使其安静休息，并喂饮温热麸皮盐钙汤(麸皮 500~1 000 g，食盐 50~100 g，碳酸钙 50 g，温水 10~20 kg)，以利于恢复体力和胎衣排出。产后 3 h 内应静脉注射 20%葡萄糖酸钙 500~1 000 mL，以防产后瘫痪。

产后 1 周内，以优质青干草为主，任其自由采食，精饲料逐日增加 0.45~0.5 kg。增加精饲料期间，要密切注意奶牛的消化情况和乳房水肿情况，不宜饮用冷水，饮水温度应控制在 37~38℃。

(二) 初产母牛的饲养管理

初产母牛是指第一次妊娠产犊的母牛。初产母牛本身还在继续生长发育，同时还要负担胎儿的生长发育。因此，初产母牛在分娩前须获取足够的营养，才能保证自身和胎儿生长发育的需要，使第一个泌乳期及其终生具有较高的产乳量。

1. 初产母牛的饲养

15~17 月龄正常繁育的母牛已配种妊娠，18~20 月龄时，胎儿生长较慢，所需营养不多，不必进行特殊饲养。到产犊前 2~3 个月，由于胎儿生长发育加快，子宫的重量和体积增加较多，乳腺细胞也开始迅速发育，所以要适当提高饲养水平，以满足自身生长、胎儿发育和储备营养的需要。日粮应仍以青贮饲料为主，适当搭配精饲料，使母牛体况达到中、上等水平。如营养过剩，则牛体过肥，影响产乳量；如营养不足，则影响自身和犊牛的正常发育。临产前 1~2 周，当乳房已经明显膨胀时，应适当减少多汁饲料和精饲料的喂量，以防乳房的过度肿胀。可饲喂优质青干草，任其自由采食。

2. 初产母牛的管理

加强保胎，防止流产：分群管理，不要驱赶过快，防止牛之间互相挤撞；不可喂给冰冻或霉变的饲料，防止机械性流产或早产。

乳房按摩，调教挤乳：一般在产犊前4~5个月开始进行乳房按摩，每天按摩2次，每次3~5 min。开始时手法要轻一点，经10 d左右训练后，即可按经产牛一样按摩，到产前2~3周停止按摩。按摩时，应注意不要擦拭乳头，因为乳头表面有一层蜡状保护物，擦去后易引起乳头龟裂。擦拭乳头时，易擦掉乳头塞，使病原菌从乳头孔侵入乳房而发生乳房炎。

初产奶牛应由有经验的挤乳员进行管理。初产牛常表现胆怯，乳头较小，挤乳比较困难。所以，挤乳前应该施加安抚，消除其紧张情绪，便于挤乳操作；如粗暴对待，则会增加挤乳难度，导致母牛产乳量下降，还会使母牛养成踢人的恶习。

做好产前、产后的准备和护理：初产母牛比经产母牛容易发生难产，产前工作要准备充分，产后要精心护理。

（三）高产奶牛的饲养管理

我国《高产奶牛饲养管理规范》规定，荷斯坦牛305 d产乳量5 t以上（初产牛在5 t，成年母牛达7 t以上），含脂率达3.4%的奶牛为高产奶牛。由于蜀宣花牛为乳肉兼用，品种群体平均产奶量在4.4 t左右，含脂率为4.2%，平均泌乳期为297 d，因此300 d的产乳量在5 t以上（初产牛达4 t，成年母牛在5.5 t以上），含脂率4%的蜀宣花牛母牛即为高产母牛。高产奶牛一般日产乳量在20 kg以上，每天需要采食60~80 kg饲料，折合干物质16~22 kg。消化系统及整个有机体的代谢强度都很大，代谢机能强，采食饲料多，饲料转化率高，对饲料和外界环境敏感，是高产奶牛的特点。因此，对高产奶牛必须特殊照顾。

1. 高产奶牛的饲养

（1）加强干乳期的饲养：为了补偿前一个泌乳期的营养消耗，贮备一定营养供产后产乳量迅速增加的需要，同时使瘤胃微生物区系在产犊前得以调整以适应高精饲料日粮，干乳后期要增加精饲料饲喂量，实施引导饲养，防止泌乳高峰期内过多地分解体脂肪，发生代谢疾病而影响产乳和牛体健康。日粮以粗饲料为主，精饲料一般不超过4.0 kg。在产犊前2~3周提高精饲料水平，精饲料增加要逐渐进行，每天增加不超过0.45 kg，直至精饲料的喂量达到体重的1%~1.2%。

（2）提高日粮干物质的营养浓度：高产奶牛饲养的关键时期是从泌乳初期到泌乳盛期。高产奶牛分娩后，产乳量迅速上升，对营养物质的需要量也相应增加。此期，受采食量、营养浓度及消化率等方面的限制，奶牛不得不动用体内的营养物质来满足产乳需要。一般高产奶牛在泌乳盛期过后，体重要降低35~45 kg。体重降低过多或持续时间较长，容易出现酮血症或一系列机能障碍。因此，在供给优质青干草、青贮饲料、多汁饲料的同时，必须增加精饲料比例，提高干物质的营养浓度。

(3) 日粮中能量和蛋白质比例适宜：高产奶牛产乳量高，在保证蛋白质供应的同时，要注意能量与蛋白质的比例。奶牛产乳需要很多能量，若日粮中作为能源的碳水化合物不足，蛋白质就得转化供能，其含氮部分则由尿排出，蛋白质没有发挥其自身的营养功能，造成蛋白质资源浪费，也增加了机体代谢的负担。因此，在泌乳期要尽量避免单独使用高蛋白饲料“催乳”。

(4) 补充维生素：高产奶牛的子宫复原缓慢、不能及时发情或发情不明显、受胎率低等现象与营养不足有直接关系，尤其是维生素 A、维生素 D、维生素 E 及常量和微量矿物质元素不足。日粮中添加这些维生素和矿物质，可以有效改善母牛的繁殖机能。每日每头添加量：维生素 A 5 万 IU、维生素 D 6 000 IU、维生素 E 10 000 IU、胡萝卜素 300 mg。另外，应充分满足矿物质的需要。

(5) 注意日粮的适口性：日粮要求营养丰富，易消化，适口性好。日粮组成上既要考虑营养需要，还要满足瘤胃微生物的需要，促进饲料更快地消化和发酵，产生尽可能多的挥发性脂肪酸，满足奶牛对能量的需要。牛乳中 40%~60%的能量来自挥发性脂肪酸。

(6) 增强奶牛食欲：高产奶牛采食量高峰期比泌乳高峰期晚 6~8 周。因此，要注意保持其旺盛的食欲，提高母牛消化能力。粗饲料自由采食，精饲料每日分 3 次喂给。产犊后，精饲料增加不宜过快，否则容易影响食欲，每天增量以 0.45 kg 为宜，日喂总量一般不要超过 10 kg。在精饲料中加入 1.0%小苏打有利于增加食欲，提高产乳量，对预防酮病和瘤胃酸中毒等疾病作用明显。

(7) 增加饲料中过瘤胃蛋白质和瘤胃保护性氨基酸的供给量：由于高产奶牛泌乳量高，瘤胃供给的菌体蛋白质和到达皱胃、小肠的过瘤胃蛋白质已不能满足机体对蛋白质的需要，添加额外的过瘤胃蛋白质和瘤胃保护性氨基酸，是提高日粮蛋白质营养的有效措施。

(8) 添加一定的异位酸和胆碱：异位酸能促进瘤胃内纤维素分解菌的生长繁殖，增加瘤胃内的菌体蛋白，所以在日粮中添加异位酸能提高产乳量。胆碱能促进牛体的新陈代谢，有利于体脂的转化，减少酮血症的发生。

【任务实施】

育成牛、初孕牛和产奶母牛的饲养管理方案制定

1. 目的要求

掌握育成牛、初母牛、产乳母牛的饲养管理方案。

2. 材料准备

白纸、笔、电脑等。

3. 操作步骤

教师将学生分组，每组 5~8 人并选出组长，组长负责本组操作分工。小组成员通过网络、书籍等查询资料。根据所学知识，制定一份育成牛、初孕牛和产奶母牛的饲养管理方案。组长进行资料汇总，小组讨论修正后汇报成果。

4. 学习效果评价

序号	评价内容	评价标准	分数	评价方式
1	合作意识	有团队合作精神，积极与小组成员协作，共同完成学习任务	10	小组自评 20% 组间互评 30% 教师评价 30% 企业评价 20%
2	方案制定	方案制定合理，符合牛需求	40	
3	沟通精神	成员之间能沟通解决问题的思路	30	
4	记录与总结	完成任务，记录详细、清晰	20	
合计			100	100%

【任务反思】

1. 简述育成母牛的饲养管理及注意事项。
2. 初产母牛及高产奶牛的饲养管理。
3. 后备种公牛的选择原则。

任务五　肉用蜀宣花牛的育肥饲养管理

【任务目标】

知识目标：掌握肉用蜀宣花牛的育肥饲养管理。

技能目标：能够对肉牛蜀宣花牛进行育肥。

【任务准备】

根据牛肉产品的分类，我国当前的牛肉可分为适应大众化市场消费的大宗牛肉和部分消费者喜欢的肥牛肉（又称雪花牛肉）两种。生产大众化市场消费的大宗牛肉的肉牛一般饲养到18~24月龄出栏。由于雪花牛肉在生产过程中需要在肌肉间沉积大量的脂肪，所以育肥时间也大大地延长，一般出栏时间是28~32月龄。根据育肥的起始时间和体重，我国当前肉牛的育肥方法主要分为持续育肥法、架子牛育肥法和淘汰牛强度育肥法三种。

一、持续育肥法

犊牛断奶后即直接进入育肥阶段的一种方法。育肥牛一开始就采用较高营养水平饲喂，使其增重也保持在较高的水平，周岁结束育肥时，活重可达400 kg左右，或者18~24月龄出栏时体重为500~600 kg。日粮配合根据牛体重的变化而不断增加，每个月调整一次，使其达到计划的日增重。当气温低于0℃和高于25℃时，气温每降低和升高5℃应增加10%的精饲料。育肥牛饲养方式可采用拴系式或散栏式饲养。在规模化饲养条件下，可采用全混合日粮（TMR）饲养法。自由饮水，夏天饮凉水，冬天饮常温水，尽量限制其活动，保持环境安静。

用持续育肥法生产的牛肉，肉质鲜嫩，属高档牛肉。这是我国当前肉牛育肥中最普遍采用的育肥方式，也是一种很有推广价值的育肥方法。

持续育肥技术的要点有：

（1）在设计增重速度时，增重速度要与育肥目标一致，胴体重量要达到1~2级标准指标，同时饲养成本要相对较低。

（2）在整个持续育肥过程中，分为育肥准备期、育肥前期、育肥中期和育肥后期4个阶段，并要求断奶后的育肥起始体重在150 kg以上。

（3）育肥准备期：在育肥准备期内，主要是让犊牛适应育肥的环境条件和饲喂方式，并在此期间内进行驱除体内外寄生虫，去势、去角、防疫注射等工作。时间大约60 d，日增重要求达到700~800 g。

（4）育肥前期：日粮以优质青饲料、干粗饲料、糟渣类饲料或青贮饲料为主，这样可节省精饲料的用量，同时还可减少消化道疾病的发生。日粮中精、粗饲料的比例为（35%~45%）：（65%~55%），日粮中粗蛋白质水平为12%~13%。日增重指标1 000 g以上，时间150 d。

（5）育肥中期：日粮中精、粗饲料的比例为（55%~60%）：（45%~40%），日粮中粗蛋白质水平为11%~12%，日增重指标为1 100~1 300 g，时间90 d。

（6）育肥后期：以生产品质优、产量高的肉牛为目标，提高胴体重量，增加瘦肉产量。日粮中精、粗饲料的比例为（60%~65%）：（40%~35%），日粮中粗蛋白质水平为10%，日增重指标1 000 g，时间为60~80 d。

育肥全程时间为360~380 d，平均日增重1 000 g以上，育肥结束体重为500~600 kg。

二、架子牛育肥法

一般认为周岁以后的育成牛称为架子牛，能满足优质高档牛肉生产条件的应是12~24月龄的架子牛。

（1）架子牛的选择：如何选择架子牛，这是需要首先解决的问题。

年龄、体重：用于育肥的架子牛年龄在12~24月龄，周岁体重应不低于220 kg，这样的牛通过8个月的育肥才能达到450 kg以上的出栏体重。

性别：生产高档优质牛肉的首选应是阉牛，其次是公牛。因为阉牛在育肥后期最容易沉积脂肪，脂肪在肌肉间沉积形成大理石花纹，可提高牛肉的档次，但是由于受雄性激素调节的影响，阉割后的公牛前期生长速度不如没阉割的公牛快。

体型、体况：用于育肥的架子牛应选择骨骼粗大，四肢及体躯较长，后躯丰满，皮肤松弛柔软，被毛光亮，体况中等，健康无病的牛。

买卖价差：架子牛买卖时甲地与乙地的价格差额往往较大，有较大选择空间。肉牛育肥的最大投入就是买牛的成本和饲养费用，其中前者可占到总成本的70%~80%，后者占20%~30%。

（2）架子牛育肥技术要点：从架子牛到育肥，根据起始月龄的大小，一般需要90~200 d。同样分为育肥前期、育肥中期和育肥后期3个阶段。

育肥前期：用时14~21 d。主要是让刚购进的架子牛适应育肥的环境条件，并在此阶段进行驱除体内外寄生虫、健胃。刚进场的牛自由采食粗饲料，每头牛每天补饲精饲料0.5~1.0 kg，与粗饲料拌匀后饲喂，精饲料应由少到多，逐渐增加到2 kg，尽快完成此阶段的过渡。

育肥中期：用时45~120 d。这时架子牛的干物质采食量应达到体重的2.5%~3.0%，日粮蛋白质水平为11%~12%，精、粗饲料的比例为（45%~55%）：（55%~45%），若有优质的白酒糟或啤酒糟作粗饲料，可适当减少精饲料的喂量。日增重为1 000~1 400 g。精饲料配方为：玉米粉70%、油枯10%、小麦20%，每头牛每天另加磷酸氢钙 50~100 g、食盐 20~40 g，日喂 3~4 kg。对粗饲料进行粗粉碎处理比细粉碎更能提高肉牛的采食量。

育肥后期：用时 30~60 d。日粮中精、粗饲料的比例为（55%~60%）:（45%~40%），日粮蛋白质水平为 10%，日增重为 1 200 g。此阶段可采取自由采食方式，能使饲料效率提高 5%。精饲料配方为：玉米粉 80%、油枯 10%、小麦 10%，每头牛每天另加磷酸氢钙 50~80 g、食盐 30~40 g，日喂 3~5 kg。体重达到 500 kg 以上出栏。

三、淘汰牛育肥法

（1）淘汰牛的选择：淘汰牛往往是失去役用能力的役用牛、淘汰的产奶母牛、失去配种能力的公牛和肉用母牛群中被淘汰的成年牛。这类牛一般年龄较大，产肉量低，肉质差，经过育肥，增加肌肉纤维间的脂肪沉积，肉的味道和嫩度得以改善，提高了经济价值。但在育肥前应注意以下几点：一是育肥前体况检查、疾病检查。二是育肥前要驱虫、称重及编号。三是育肥时间以 2~3 个月为宜。四是体况差的牛要用低水平日粮复膘。五是选用合理的精饲料催肥，混合精饲料的日喂量以体重的 1%为宜，粗饲料以青贮玉米或糟粕饲料为主，任其自由采食，不限量。

（2）淘汰牛育肥的管理。

①驱虫、消毒、预防：育肥之前要驱虫，同时必须搞好日常清洁卫生和防疫工作，每出栏一批牛都要对厩舍彻底清扫消毒一次。牛舍每天打扫干净，每月消毒一次。每年春秋两季对生产区进行大消毒。常用消毒药物有 10%~20%生石灰乳、2%~5%火碱溶液、0.5%~1%过氧乙酸溶液、3%福尔马林溶液、1%高锰酸钾溶液等。

②限制活动：前期适当运动，促进消化器官和骨骼发育。中期减少运动。后期限制运动，使其长膘，此时的牛只能上下站立或睡觉，不能左右移动。有条件的情况下每天可让牛晒太阳 3~4 h，日光浴对皮肤代谢和牛只生长发育有良好效果，被毛好，易上膘，增重快。

③防寒降温：气温低于 0℃要注意防寒，如关好门窗，对开放式或半开放式牛舍，用塑料薄膜封闭敞开部分。利用太阳能提高环境温度，可减少体热的损耗。气温高于 27℃时要做好降温防暑工作。西南地区的 7—8 月是一年中最炎热的时期，不宜育肥。

④刷拭：每日必须定时刷拭 1~2 次，喂饱后在运动场内进行。刷拭可保持牛体清洁，促进皮肤新陈代谢和血液循环，提高采食量，有利于牛的管理。

⑤饲喂及饮水：每天饮水 2 次（夏天 3~4 次），冬天饮常温水。饲料一般以日喂 2 次较好，早晚各 1 次，间隔 12 h，让牛有充分的反刍时间与休息时间。不喂霉烂变质的饲草料。

【任务实施】

肉用蜀宣花牛育肥方案的制定

1. 目的要求

掌握肉用蜀宣花牛的育肥方案。

2. 材料准备

白纸、笔、电脑等。

3. 操作步骤

现有一批体重相近的 12 月龄肉用蜀宣花牛，选择育肥方法，确定营养需要，制定饲养方案。

将学生分组，每组 5~8 人并选出组长，组长负责本组操作分工。小组成员通过网络、书籍等查询资料。根据所学知识，制定一份肉用蜀宣花牛育肥方案。组长进行资料汇总，小组讨论后修正汇报成果。

4. 学习效果评价

序号	评价内容	评价标准	分数	评价方式
1	合作意识	有团队合作精神，积极与小组成员协作，共同完成学习任务	10	小组自评 20% 组间互评 30% 教师评价 30% 企业评价 20%
2	方案制定	方案制定合理，符合肉牛需求	40	
3	沟通精神	成员之间能沟通解决问题的思路	30	
4	记录与总结	完成任务，记录详细、清晰	20	
合计			100	100%

【任务反思】

1. 持续育肥技术的要点。
2. 我国当前肉牛的育肥方法。
3. 淘汰牛育肥的管理。

项目测试

一、单项选择题（将正确的选项填在括号内）

1. 饲草播种时期，高海拔地区则主要是（　　）。
   A. 春播　　B. 夏播　　C. 秋播　　D. 冬播
2. 饲草中被称为“牧草之王”的是（　　）。
   A. 白三叶　　B. 紫花苜蓿　　C. 黑麦草　　D. 甜象草
3. 蜀宣花牛青年目标初配年龄为（　　）月龄。
   A. 18~24　　B. 10~12　　C. 16~20　　D. 24~28
4. 蜀宣花牛配种主要采用（　　）。
   A. 人工授精　　B. 自然受孕　　C. 体外授精　　D. 试管授精
5. 孕酮含量高于（　　）为妊娠。
   A. 3 ng/mL　　B. 5 ng/mL　　C. 2 ng/mL　　D. 4 ng/mL
6. 奶牛是耐寒怕热的动物，适宜温度为（　　）。
   A. 0~3℃　　B. 10~23℃　　C. 10~37℃　　D. 0~21℃
7. 胎儿（　　）的体重是在怀孕后期增加的。
   A. 30%　　B. 40%　　C. 50%　　D. 60%
8. 初生犊牛应在产后（　　）内吃上初乳，以提高犊牛免疫力。
   A. 3 h　　B. 1 周　　C. 1 h　　D. 24 h
9. 初乳是指母牛分娩后（　　）内所分泌的乳汁。
   A. 5~7 d　　B. 10~15 d　　C. 1~10 d　　D. 1~15 d
10. 犊牛出生（　　）天后采用电烙铁去角并剪去副乳头。
   A. 1~2 d　　B. 3~4 d　　C. 5~7 d　　D. 15 d
11. 育成牛一生中生长最旺盛的时期为（　　）。
   A. 4~5 月龄　　B. 6~7 月龄　　C. 6~10 月龄　　D. 12~14 月龄
12. 母牛的干奶期应掌握在（　　）天为最好。
   A. 40 d　　B. 30 d　　C. 70 d　　D. 60 d
13. 产奶母牛的日常管理中，冬季饮水的水温不低于（　　）。
   A. 20℃　　B. 10℃　　C. 5℃　　D. 0℃

二、多项选择题（将正确的选项填在括号内）

1. 饲草按照分类系统划分为（　　）。
   A. 禾本科牧草　　B. 豆科牧草　　C. 杂类牧草　　D. 放牧型牧草
2. 饲草种植方式有（　　）。
   A. 单播　　B. 混播　　C. 间作套种　　D. 轮作
3. 影响肉牛生产性能的因素有（　　）。

A. 品种　　B. 年龄　　C. 性别　　D. 饲养管理

4. 肉牛在育肥全过程中，按饲养水平划分，可分为（　　）。

A. 高高型　　B. 高低型　　C. 中高型　　D. 全中型

5. 牛能量营养来源于三大有机物质，即（　　）。

A. 矿物质　　B. 糖类　　C. 脂肪　　D. 蛋白质

6. 度量肉牛生长发育的基本方法有（　　）。

A. 累计生长　　B. 绝对生长　　C. 相对生长　　D. 长期生长

三、判断题（正确的在括号里打A，错误的在括号里打B）

（　　）1. 人工草地是指采用农业技术措施栽培而成的草地。

（　　）2. 根据饲草生育特性可分为放牧型牧草、刈割型牧草、牧刈型牧草。

（　　）3. 依据我国区域气候特点和地理分布特点，将牧草分为冷地型、暖地型及过渡带型三类。

（　　）4. 天然种植的牧草营养成分全面、产量高、适口性好。

（　　）5. 不同种类的畜禽，其消化能力及采食习性不同，但是对牧草的利用能力和效率相同。

（　　）6. 甜象草属于禾本科狼尾草属植物，是世界上分布最广、栽培最多的牧草之一。

（　　）7. 黑麦草是禾本科黑麦草属植物，是重要的栽培牧草和绿肥作物。

（　　）8. 饲料按照来源可分为植物性、动物性、微生物、矿物质、人工合成或提纯的产品。

（　　）9. 青贮饲料是反刍动物饲料的主要组成部分，一般在肉牛饲粮中占60%。

（　　）10. 从行为看：一般在发情开始后24 h输精受胎率最高，此时母牛处于发情期的发情盛期，出现“木马反射”症状。

（　　）11. 直肠检查法是判断妊娠和妊娠时间的最常用且最可靠的方法。

（　　）12. 犊牛饲喂要做到三定（定质、定时、定量），饲喂的奶温度应保持在32~38℃，喂后用干净的毛巾将犊牛口边的残奶、残料擦净，防止犊牛形成舐癖。

（　　）13. 异位酸能促进牛体的新陈代谢，有利于体脂的转化，减少酮血症的发生。

（　　）14. 一般认为周岁以后的育成牛称为架子牛，能满足优质高档牛肉生产条件的应是12~24月龄的架子牛。

（　　）15. 西南地区的七、八月份是一年中最炎热的时期，适宜育肥。

（*石长庚　赵纯超　罗芙蓉*）

项目四　主要牛病的防治

项目导入

一养牛技术员描述，在母牛产后使用噬菌体中药纯化无抗制品“清排太保”，100 mL/(头·次$^{-1}$)，用生理盐水 300~400 mL 稀释后，子宫灌注，连用 2~3 天，同时给母牛注射使用盐酸头孢噻呋注射液，每千克用量为 0.07 mL，一瓶 20 mL 可用于 300 kg 左右的牛，1 d 1 次，连用 3 d。结合缓慢加料，拌料使用母安太保+多维太保。母牛产后进行清宫，不仅可以帮助母牛快速排出胎衣，还能清除恶露；治疗子宫内膜炎，有利于母牛产后正常发情、受孕。在给母牛用药清宫、排出胎衣以后，给母牛打消炎针，进一步预防、治疗各种产后炎症，维护母牛的生殖系统健康。在给母牛清宫消炎以后，我们可以加强对母牛的产后护理，保证母牛的各项身体机能恢复正常水平，让母牛采食好、消化好、恢复快、生病少，能再次顺利发情、受孕。在母牛产后最初几天，建议养殖户给母牛缓慢加料，直至正常水平，以免母牛厌食，同时配合多种维生素、氨基酸、矿物质等，可以给母牛补血益气，使母牛产后恢复更快，身体更健康。因此牛病重在预防，防治结合，必将提高养牛的经济效益。

本项目需完成以下 4 个任务：(1) 牛场的防疫概述；(2) 牛的常见主要疾病防治；(3) 粪污处理。

任务一　牛场的防疫概述

【任务目标】

知识目标：熟悉养殖场防疫体系建立途径。

技能目标：1. 掌握消毒及消毒程序。

2. 能够预防接种及免疫程序的制定。

【任务准备】

一、养殖场防疫体系的建立

我国养牛业正从散养型向集约化、规模化、工厂化、机械化饲养过渡，其特点是规模大、数量多、饲养密集、与市场交往频繁，但染病的概率高，经济损失大，对养殖业危害巨大。因此，建立现代兽医防疫体系，防止疫病发生非常重要。规模化养殖场综合性防疫体系的建立必须以动物流行病学为指导，依据《中华人民共和国动物防疫法》等兽医法律法规为准绳，在日常生产中全面而系统地对畜禽实行保健和管理，特别是动物传染病传染波及面广，危害大，经济损失大。动物传染病的发生、传播和流行必须具备传染源、传播途径、易感动物三个环节，缺一不可。围绕这三个基本环节，要采取消毒和切断传播途径等综合措施，同时根据不同类型的传染病，采取不同的措施，有效地预防和控制传染病的发生和传播。

1. 贯彻“预防为主，防重于治”的方针

集约化养殖场动物数量多，饲养空间密集，应按照《中华人民共和国动物防疫法》等相关法律法规要求，认真贯彻“预防为主，防重于治”的方针，群防群治，使其制度化，杜绝麻痹思想，避免疫病爆发和流行，从而避免和减少不必要的损失。

2. 坚持“自繁自养”的原则

“自繁自养”是防止从外地买畜种带进疫病的一项重要措施。作为规模化养殖场必须建立较为完善的繁育体系，饲养一定量的母畜，使其可持续发展。如果进行品种调配或必须从外地引进畜种时，应从非疫区健康养殖场选购。选购前应对畜种做检疫和诊断检查，购进后一般要隔离饲养一段时间，经过观察无病并预防免疫后，方能混群饲养。

3. 坚持预防免疫制度

预防免疫是防治传染病发生的关键措施。使用疫（菌）苗注射，能使牲畜产生特异性免疫力，在一定时期内牲畜可以不被传染病侵袭。根据当地疫病流行情况，有针对性地选择使用和按免疫程序进行预防接种，保证较高免疫密度，使畜群保持较高的免疫水平。

4. 做好养殖场环境和圈舍的清洁卫生及消毒工作

做好养殖场环境和圈舍的清洁卫生及消毒工作，消灭病原体，清除环境中的传播因素，是切断传染病传播途径的有效方法，对预防消化道传染病和呼吸道传染病尤为重要，也是消灭外界环境的病原菌、防止疫病发生的重要措施。

5. 加强饲养管理，增强畜群抵抗力

饲养管理制度、营养水平及畜舍建筑结构、通风设施等都可成为影响疾病发生和流行的因素。建立健全饲养管理制度，合理调配饲料，注意饲料的质量和调制，供应营养均衡日粮，注意环境和圈舍的清洁卫生，严格执行兽医卫生制度是防病的重要措施。加强养殖人员责任心，提高养殖技术水平，可提高畜群的抵抗力。

二、消毒及消毒程序

消毒是采取物理、化学、生物学的方法杀灭和减少环境中病原微生物的一项重要措施，也是控制传染源、切断疫病传播途径、防止传染性疾病发生和流行最常用的综合性防疫措施。

1. 消毒的分类

(1) 日常消毒：也称预防性消毒，即根据生产需要在生产区和圈舍、畜群进行定期或不定期消毒。

(2) 即时消毒：当个别或少数牲畜发生一般性疫病或突然死亡时，马上对所在栏舍消毒，发病或死亡牲畜做无害化处理。

(3) 终末消毒：又称大消毒，在全进全出饲养管理中空栏时，或烈性传染病发生初期、疫病平息后准备解除封锁之前，采取多种消毒方法和手段对养殖场环境进行全方位清理消毒，防止疫病循环感染。

2. 消毒程序

根据消毒方法、疫病流行特点、消毒的对象等，将科学合理地组合使用多种方法，包括消毒方法的步骤、先后顺序、间隔时间、药物剂量等。

3. 常用消毒方法

(1) 机械性清除：清扫、洗刷、通风。

(2) 物理消毒法：阳光（或紫外线）、干燥和高温，高温包括火焰、煮沸和蒸汽。

(3) 化学消毒法：用化学药品对大门、进出通道、饮水设备、圈舍等进行消毒。应选择广谱、高效、低毒消毒药物，定期更换消毒药物种类。消毒时做好人员防护，减少消毒药物对工作人员的刺激。

4. 常用消毒药物的使用

消毒药物的效果受到病原体、环境状况等因素影响，要根据消毒对象正确使用，确保其效果。常用消毒药物的使用见表4-1。

表4-1　常用消毒药物的浓度和消毒对象

消毒药物	使用浓度	消毒对象
石灰乳	10%~20%	牛舍、围栏、饲料槽、饮水槽
热草木灰水	20%	牛舍、围栏、饲料槽、饮水槽
来苏尔	5%	牛舍、围栏、用具、污染物
漂白粉溶液	2%	牛舍、围栏、车辆、粪尿
火碱溶液	1%~2%	牛舍、围栏、车辆、污染物
过氧乙酸溶液	0.5%	牛舍、围栏、饲料槽、饮水槽、车辆
过氧乙酸溶液	3%~5%	仓库（按仓库容积，2.5 mL/m^3）
克辽林	3%~5%	牛舍、围栏、污染物、场地

三、免疫接种及免疫程序

在经常发生某些传染病的地区，或有可能发生该病的地区，为了防患于未然，可在平时有计划地给健康畜群进行免疫接种。搞好免疫接种是预防传染病流行的重要措施。

1. 预防接种

日常有计划地给健康畜群进行免疫接种，以预防某些传染病的发生和流行。

2. 紧急预防接种

在发生传染病或传染病流行初期，为迅速控制或扑灭疫病，对疫区和受威胁区尚未发病的畜群进行应急性免疫接种。

3. 免疫程序

目前，国内外尚无统一的牛免疫程序，因此只能在实践中总结经验。为使免疫接种取得预期的效果，必须掌握本地区传染病的种类及其发生季节和流行规律，掌握生产、饲养管理和流动等情况，根据各牛场可能发生的传染病不同，选用不同的疫苗，制定出合乎本地、本牛场具体情况的免疫程序。

4. 牛常用疫苗

(1) 口蹄疫疫苗（O型、A型、Asia-Ⅰ型）：成年牛肌内注射3 mL，1岁以下犊牛肌内注射2 mL，免疫期为6个月。口蹄疫A型活疫苗，肌内或皮下注射，6~12月龄牛1 mL，12月龄以上2 mL，注射后14 d产生免疫力，免疫期4~6个月。也可对受威胁的牛使用康复动物血清或高免血清。

（2）布鲁菌病菌苗：羊型5号菌苗：室内喷雾免疫，200亿个菌/m^3，喷雾后停留20 min，也可将菌苗稀释成50亿个菌/mL，肌肉或皮下注射5 mL，免疫期为1年。19号菌苗：皮下注射5 mL，免疫期为6~7年。

（3）牛流行热疫苗：在吸血昆虫孳生前1个月接种，第一次接种后，间隔3周再进行第二次接种，颈部皮下注射4 mL/头，犊牛2 mL/头。第二次接种后3周产生免疫力，免疫期为半年。

（4）牛轮状病毒疫苗：犊牛出生后吃初乳之前口服，2~3 d即可产生免疫力。福尔马林灭活疫苗，分别于妊娠母牛分娩前60~90 d和分娩前30 d两次注射免疫。

（5）牛传染性鼻气管炎疫苗：犊牛接种后10~14 d可产生抗体。第一次皮下或肌内注射后4周，重复注射1次，免疫期可达6个月。

（6）病毒性腹泻疫苗：对6月龄至2岁的青年牛进行免疫接种，在断奶前后数周接种最好，免疫期1年以上，对受威胁较大的牛群应每隔3~5年接种1次，育成母牛和种公牛于配种前再接种1次，多数牛可获终生免疫。空怀青年母牛在第一次配种前40~60 d接种，妊娠母牛在分娩后30 d接种，免疫期6个月。

（7）牛传染性胸膜肺炎弱毒苗：预防牛肺疫，免疫期为1年。

5. 疫苗的保管及使用

（1）除国家强制免疫的疫苗外，所需疫苗安排专人采购，所有疫苗专人保管，严防破损、超过有效期，以确保疫苗的质量。

（2）储藏温度应符合动物疫苗使用说明书要求，冷藏（2~8℃）或冷冻（−25~−15℃）保存。活（弱毒）疫苗不得反复冻融，灭活疫苗严防冻结，严防日光暴晒。

（3）使用时，按剂量稀释，并记下疫苗生产厂家、批号等，以备案便查。

（4）接种前，器械（如注射器、针头、镊子等）事先严格消毒，检查牛群的健康情况，病牛应暂缓接种。接种疫苗时不能同时使用抗血清，消毒剂不能与疫苗直接接触。

（5）疫苗一旦启封使用，必须4 h内用完，不能隔天再用，报损疫苗要无害化处理（深埋、焚烧），不能乱丢。

6. 免疫失败的原因

免疫失败与动物自身（营养不平衡、动物免疫功能不全或患免疫抑制性疾病、亚临床感染）、环境、免疫程序（时间、母源抗体、抗原竞争）、疫苗（运输、保存不当）、免疫注射技术（途径、方法、剂量不对）、药物等因素有关，要进行全面的检查和分析。为防止免疫失败，最重要的对策是做到正确保存和使用疫苗，严格按免疫程序进行免疫。

【任务实施】

1. 调查填写牛场全年免疫接种情况

牛场名称	牛号	牛龄	牛舍	预防疾病	接种时间	疫苗名称	接种方法	接种剂量	接种头数

2. 牛场大门的消毒设置：在牛场完成一项消毒方法

各种车辆及人员进入牛场时必须进行消毒。牛场门口应设进入车辆及人员的专用消毒池。车辆的消毒池大小为 5 m×3 m×0. 2 m。消毒池内加 2%氢氧化钠并定期更换消毒液。进入冬季后如果结冰时，池内应铺撒一层厚度约为5 cm 的生石灰代替消毒液。也可改用喷雾消毒，消毒液为 0. 5%的百毒杀或次氯酸钠，重点是车轮的消毒。在病牛舍、隔离舍的出入口处应设置有浸泡消毒液的麻袋片或草垫。进入牛场的人员必须经消毒后方可进入。牛场应备有专用消毒服、帽及胶靴、紫外线消毒间、喷淋消毒及消毒走道。根据国家颁布的《消毒技术规范》的规定，紫外线消毒间应在室内悬吊式紫外线消毒灯，安装数量为每立方米空间不少于 1. 5 W、吊装高度距离地面 1. 8~2. 2 m，连续照射时间不少于 30 min（室内应无可见光进入）。紫外线消毒主要用于空气消毒，不适合人员体表消毒。进入牛场的人员在紫外线消毒间更换衣服、帽及胶靴后进入专为消毒鞋底的之字形的消毒走道，走道地面铺设塑料胶垫，内加 0. 5%次氯酸钠，消毒液的容积以药浴能浸满鞋底为准，有条件的牛场在人员进入生产区前最好做一次体表喷雾消毒，所用药液为 0. 1%百毒杀。

3. 学习评价

评价内容	自我评价（10 分）	教师评价（10 分）	平均总评
熟悉养殖场防疫体系建立途径（10 分）			

续表

评价内容	自我评价（10分）	教师评价（10分）	平均总评
掌握消毒及消毒程序（10分）			
能够进行预防接种及免疫程序的制定（10分）			
平均总计			

注：评分标准为总评9~10分为优，7~8分为良，6~7分为中，6分以下重新学习。

【任务反思】

1. 如何建立有效的牛场防疫体系？

2. 如何提升免疫效果？

任务二　牛常见疾病的防治

【任务目标】

知识目标：熟悉常见疾病的防治方法。

技能目标：1. 掌握产科、乳房疾病的防治措施。

2. 掌握蹄病处置办法。

3. 了解常见寄生虫病的防治措施。

【任务准备】

一、常见疾病的防治

（一）食管阻塞

食管阻塞，俗称“草噎”，是食团或异物突然阻塞于食管的一种疾病。其临床特征是瘤胃臌胀、吞咽障碍、流涎。

1. 病因

食管阻塞是食团或异物突然阻塞于食管的一种疾病，主要是因肉牛饲养管理粗放，饲喂时间不均，使肉牛在饥饿时吃草太多太急，或是吞食块根、块茎类饲料，造成食团或块根、块茎类饲料阻塞于食管。另外，食管麻痹、食管痉挛、食管狭窄也可引起本病发生。

2. 诊断要点

（1）牛突然停止采食，烦躁不安，口流大量泡沫，头颈伸直，有时空口咀嚼、咳嗽或伴有臌气。

（2）阻塞部位如在颈部食管，可在左侧食管沟处摸到硬块。送入胃管时，胃管插入受阻；向胃管灌水不能顺利流入为完全阻塞；能缓慢流入，则为不完全阻塞。

（3）本病应与瘤胃臌气鉴别诊断，两者虽然瘤胃都出现臌气，但食管阻塞有口流泡沫、多次胃管探诊受阻等现象。

3. 治疗

伴有严重瘤胃臌气，有窒息死亡危险的应首先穿刺放气。

（1）挤压法：适用于块状饲料引起的颈部食管阻塞。可用手掌抵阻塞物下端，向头部方向挤压使阻塞物上移，最后经口腔吐出。

（2）推送法：可通过胃管先灌入2%普鲁卡因10 mL，石蜡油50~100 mL，再用胃管适当用力推送阻塞物，把阻塞物推进胃内。

（3）打气法：将胃管插入食管，露于外部的一端接在打气筒上，每打一次气，趁食管扩大之时将胃管向下推送，直到把阻塞物推入胃内。

（4）虹吸法：当阻塞物为颗粒状或粉状饲料时，用清水反复泵吸或虹吸，把阻塞物洗出，或者将阻塞物冲下。

此外，还可用药物疗法、掏噎法及手术疗法等进行处理。

（二）瘤胃积食

瘤胃积食是因前胃收缩力减弱，采食大量难于消化的饲料所致，主要表现为食欲废绝，反刍停止，脱水及毒血症。

1. 病因

（1）原发性：a. 贪食过量的适口性较好的草料而又缺乏饮水，草料在瘤胃内难以消化而引起。b. 因误食大量塑料薄膜或难以消化的饲料而造成。c. 突然改变饲养方式及饲料突变、饥饱无常、中毒、各种应激因素、运动不足、过于肥胖等因素引起本病的发生。

（2）继发性：常继发于前胃弛缓、创伤性网胃腹膜炎、瓣胃阻塞、皱胃阻塞、胎衣不下、药呛肺迷走神经损伤及真胃炎等疾病过程中。

2. 症状

（1）食欲废绝、反刍减少或停止，鼻镜干燥，有时出现腹痛不安，摇尾弓背，回头看腹，粪便干黑。

（2）按压瘤胃坚实、胀满，重压如面团状可成坑。听诊瘤胃蠕动音减弱或消失，叩诊呈浊音，直肠检查可见瘤胃体积增大后移。

（3）晚期瘤胃上部集有少量气体，全身中毒加剧，呼吸困难，站立不稳，步态蹒跚，眼窝下陷，卧地不起，最后因脱水和中毒而陷入昏迷。

3. 治疗

加强护理，增强瘤胃蠕动机能，排出瘤胃内容物，制止发酵，对抗组织胺和酸中毒，对症治疗。

（1）先停食 1~2 d，再给予少量优质多汁饲料。

（2）硫酸钠 500 g，番木鳖酊 15~30 mL，龙胆酊 20~30 mL，大黄酊 30~40 mL，一次灌服。

（3）静脉注射 10%氯化钠溶液 300~500 mL，或注射促反刍液 500~1 000 mL。

（4）可试用中药：黄芪 30 g，黄芩 15 g，大黄 120 g，芒硝 180 g，麻仁 30 g，千金子 60 g，甘草 10 g，研细，加蜂蜜 120 g，猪油 250 g 灌服。

（5）本病可用洗胃疗法，先经胃管灌入温水 1~3 L，揉压胃部，然后再经胃管抽出胃内容物，如此反复，直至恶臭味减轻为止。

（6）对有脱水和酸中毒的病例，需强心补液，以解除酸中毒。采用泻下法治疗，对过食精饲料的病例不宜用盐类泻剂，尽量用油类泻剂。伴发瘤胃臌气时，及时穿刺放气，内服鱼石脂等制酵剂，缓解病情。

（三）瘤胃臌气

本病又称为瘤胃臌胀，是由于气体在瘤胃内大量积聚，致使瘤胃容积极度增大，压力增高，胃壁扩张，严重影响心、肺功能而危及生命的一种急性病。

1. 病因

按病因分为原发性臌胀和继发性臌胀，按病的性质分为泡沫性臌胀和非泡沫性臌胀。

（1）原发性瘤胃臌胀

①非泡沫性臌胀：采食大量水分含量较高的容易发酵的饲草、饲料，如幼嫩多汁的青草或霉败饲草、饲料而引起。

突然更换饲草或改变饲养方式，易导致急性瘤胃臌胀的发生。

②泡沫性臌胀：采食了大量含蛋白质、皂苷、果胶等物质的豆科牧草，或多量的谷物性饲料。

（2）继发性瘤胃臌胀：常继发于食管阻塞、前胃弛缓、创伤性网胃炎、瓣胃阻塞、发热性疾病等疾病。

2. 症状

（1）急性瘤胃臌胀：通常在采食易发酵饲料后不久发病，甚至在采食中发病。

①表现为食欲废绝，口吐白沫，回顾腹部，腹部迅速膨大，左肷窝明显突起，严重者高过背中线。

②腹壁紧张而有弹性，叩诊呈鼓音，瘤胃蠕动音初期增强，常伴发金属音，后期减弱或消失。

③呼吸困难，严重时伸颈张口呼吸，呼吸数增至 60 次/min 以上；心跳加快，可在 100 次/min 以上。

④后期心力衰竭，静脉怒张，呼吸困难，黏膜发绀，全身出汗，站立不稳，步态蹒跚，最后倒地抽搐，终因窒息和心脏麻痹而死亡。

（2）慢性瘤胃臌胀：瘤胃中度膨胀，时胀时消，常为间歇性反复发作，呈慢性消化不良症状，病畜逐渐消瘦。

3. 治疗

加强护理，排除气体，止酵消沫，恢复瘤胃蠕动和对症治疗。根据病情的缓急、轻重及病性的不同，采取相应有效的措施进行排气减压。

（1）排气减压：①口衔木棒法。对较轻的病例，病畜保持前高后低的体位，在小木棒上涂鱼石脂后衔于病畜口内，促进气体排出。②胃管排气法。严重病例，当有窒息危险时，实行胃管排气法。③瘤胃穿刺排气法。严重病例，当有窒息危险且不便实施或不能实施胃管排气法时应用瘤胃穿刺排气法，操作中缓慢放气。以上这些方法仅对非泡沫性臌胀有效。④手术疗法。当药物治疗效果不显著时，特别是严重的泡沫性臌胀，应立即施行瘤胃切开术。病势危急时可用尖刀在左肷部插入瘤胃，放气后再设法缝合切口。

（2）止酵消沫：①泡沫性臌胀可用二甲硅油 25~50 g，加水 500 mL 一次灌服；植物油或液状石蜡 100 mL 一次灌服，如加食醋 500 mL、大蒜头 250 g（捣烂）效果更好②止酵。用鱼石脂 15~30 g 一次灌服；95%酒精 100 mL，一次灌服或瘤胃内注入；陈皮酊或姜酊 100 mL，一次灌服。

（3）排除胃内容物：可用盐类或油类泻剂加水溶解后，一次灌服；使用瘤胃兴奋药、拟胆碱药增强瘤胃蠕动，促进反刍和嗳气。

（四）前胃弛缓

前胃弛缓是前胃机能紊乱而表现出兴奋性降低和收缩力减弱的一种疾病，消化机能障碍。

1. 病因

（1）原发性前胃弛缓：①长期饲喂营养少而富含纤维素的饲料如秸秆、谷壳等，或长期喂给缺乏纤维素的饲料，使消化机能单调和贫乏。②矿物质与维生素缺乏时，神经体液调节机能紊乱，也是引起前胃弛缓的原因。③应激反应，突然增加或改变饲料，饲养管理条件的突然变化，使胃肠神经受到抑制。

（2）继发性前胃弛缓：继发于某些传染病、寄生虫病、口腔疾病、消化道疾病、营养代谢疾病及某些中毒病等。

2. 症状

（1）急性型：多数呈急性消化不良，如食欲减退或废绝，反刍缓慢或停止，瘤胃蠕动次数减少，声音减弱。粪便干硬或为褐色糊状。

（2）全身一般无异常，若伴发酸中毒时脉搏呼吸加快，精神沉郁，卧地不起。

（3）慢性病例多为继发性因素引起，病情时好时坏，异食，毛焦胀吊、机体明显消瘦，便秘腹泻交替发生，病重则陷于脱水与自体中毒状态，最后衰竭而死。

3. 治疗

（1）原发性前胃弛缓：①病初绝食 1~2 d，再喂给优质青干草或易消化的饲料。或洗胃。轻症病例可在 1~2 d 内自愈。②促进瘤胃蠕动可皮下注射氨甲酰胆碱 1~2 mg，或新斯的明 10~20 mg。

③缓泻、制酵：硫酸钠或硫酸镁 300~500 g，鱼石脂 20 g，加温水 5 000~8 000 mL，一次内服。或液状石蜡 1 000 mL，苦味酊 20~30 mL，内服。盐类泻剂于病初只用一次，以防引起脱水和前胃炎。

④调节瘤胃 pH 值：内服氢氧化镁 400 g，或碳酸镁 225~450 g，或碳酸氢钠 50 g，恢复瘤胃微生物的正常区系。

⑤健胃益气：稀盐酸 15~30 mL，75%酒精 100 mL，常水 500 mL 内服；或大蒜 250 g，食盐 50~100 g，捣成蒜泥，加适量水后内服。

⑥防止脱水和自体中毒：可静脉注射 25%葡萄糖 500~1 000 mL。40%乌洛托品 20~50 mL、20%安钠咖 10~20 mL。

（2）继发性前胃弛缓和医源性前胃弛缓应解除病因，按不同病因采用相应方法治疗。

（五）瓣胃阻塞

本病又称为“瓣胃秘结”或“百叶干”，主要是因前胃弛缓，瓣胃收缩力减弱，瓣胃内容物滞留，水分被吸收而干涸，致使瓣胃秘结、扩张的一种疾病。

1. 病因

本病是由于瓣胃收缩机能降低，排空缓慢或困难，食物停滞于胃中，水分被吸收后引起瓣胃阻塞或不通。另外，前胃弛缓、瘤胃积食、创伤性网胃炎、真胃阻塞等病均可导致本病发生。

（1）本病多因长期过多饲喂粗硬饲料，如粉状的糠耕、高粱，含有泥沙的饲料，未经磨碎的豆类，而且饮水和运动不足，导致胃内水分损失过多而引起瓣胃干燥秘结。

（2）继发于真胃扭转或移位、前胃弛缓、瓣胃炎、真胃炎。此外，某些中毒症和寄生虫病也可引起本病的发生。

2. 症状

（1）初期鼻镜干燥，被毛竖立，干燥无光，食欲下降、反刍缓慢。

（2）后期反刍停止，口色灰白，鼻镜干裂。重叩瓣胃部位，常引起疼痛不安，听诊瓣胃时蠕动音极弱或完全消失。大便干黑，粪球小如算盘球。直肠检查，肛门和直肠紧缩、空虚。肠壁干燥，或附着干涸粪片。

（3）晚期病例，瓣叶坏死，伴发肠炎和全身败血症，体温升高至40℃左右。排粪停止或仅排少量糊状粪便。呼吸加快，脉搏增至每分钟100~140次，尿呈酸性反应。结膜发绀，眼球下陷，呈脱水和自体中毒症。

3. 治疗

本病的治疗非常困难，对有价值的病畜及早采用手术治疗是最有效的治疗方法（瓣胃不宜直接手术，可经瘤胃或皱胃切开术完成）。

（1）早期：可服泻剂，如硫酸钠400~500 g或液状石蜡1 000~2 000 mL、10%氯化钠100~200 mL、安钠咖10~20 mL，静脉注射。

（2）中期：可进行瓣胃注射，预先将硫酸镁400 g、呋喃西林30 g、液状石蜡或甘油200 mL、常水3 000 mL混合。当针头进入瓣胃后，将上述混合液注入，1次/d，连续2~3 d。

（3）后期：常用瓣胃冲洗法，适用于瓣胃阻塞的任何时期，但本法需做瘤胃切开，故常在其他疗法无效时采用。

（六）胃肠炎

胃肠炎是胃与肠道黏膜及黏膜下深层组织的重剧炎症过程。胃和肠道的器质性损伤与功能紊乱极易互相影响，因此胃与肠道的炎症往往同时发生或相继发生。

1. 病因

（1）原发性多为采食腐败、霉烂饲料，或采食过多的精饲料、青贮饲料及突然变换饲料，其次为有毒物质或化学物中毒而引起。

（2）继发性见于炭疽、巴氏杆菌病、沙门氏菌病、钩端螺旋体病、牛副结核等传染病。

2. 症状

（1）食欲反刍减退或消失，体温升高，但耳根及四肢末端变凉。口渴喜饮，持续性腹泻，有时有腹痛症状。

（2）粪便先为糊状如煤焦油样，后则稀如水样，粪便混有黏液、血液或脓性物，有恶臭味。由于后期病牛严重脱水或酸中毒，眼球下陷，四肢无力，站立困难，呼吸心跳加快，终因衰竭而死。

3. 治疗

首先禁食 24 h 左右，此后喂少量易消化饲料，同时进行治疗。

（1）磺胺脒 15～25 g，3 次/d，首次用药加倍，或小檗碱 4～8g，3 次/d，灌服。

（2）磺胺脒 60 g、碳酸氢钠 40 g、碱式硝酸铋 30 g，药用炭 100～300 g，一次性灌服，2 次/d。

（3）如有脱水和酸中毒，可用葡萄糖生理盐水 3 000～5 000 mL 或复方氯化钠液 2 000 mL，维生素 C 2g，混合一次静注，接着再注射 3%～5% 碳酸氢钠 500～1 500 mL。

（4）中药可用黄芩、黄柏各 30 g，黄连、白头翁各 27 g，枳壳、砂仁、猪苓各 18 g，泽泻 21 g，一次煎服。

（七）流行性感冒

牛流感是由病毒引起的一种常见急性、热性传染病，多发于早春和深秋季节。

1. 病因

由气温骤变或流感病毒引起，由病毒引起的感冒传播速度快，短期内可使牛群中多数牛发病，2～5 岁的牛易发病。该病的特征是呼吸系统出现严重的症状，四肢和关节发生障碍。本病虽呈良性经过，但因其流行时牛大批患病而给肉牛生产带来一定损失，必须积极加以防治。

2. 症状

潜伏期 2~6 d，往往突然发病，病势凶猛。病初体温升高至 40~42℃，皮温不均，呈稽留热型。体表淋巴结肿大，心跳增速，间有肌肉震颤，甚至发生痉挛。眼结膜充血水肿，常怕光和流泪。呼吸短促，流鼻液，有时咳嗽或大量流涎，呈线状。粪初期稍软，带有黏液，后下痢。也有病初即呈瘤胃积食、便秘，有时便秘与腹泻交替发生。病牛喜卧，不愿行动。四肢关节可有轻度肿胀，以致发生跛行。病程一般为 1 周。耐过此病的牛只可获得免疫力。

3. 防治

以对症疗法（如解热镇痛）和预防继发感染为原则，以便减轻症状，缩短病程，减少损失。可用下列处方：

（1）肌内注射青霉素 150 万~300 万 U 或 20%的磺胺噻唑钠 20~30 mL，预防继发感染。

（2）肌内注射复方氨基比林 20~30 mL，解热镇痛。

（3）静脉注射葡萄糖生理盐水 1 000~1 500 mL，强心补液。

（4）中药治疗：贯众 60 g，金银花 65 g，苏叶 60 g，黄芩 50 g，白茅根 65 g，甘草 25 g，藿香 50 g，水煎，每日分两次内服。

（八）尿素中毒

1. 病因

尿素中毒主要是由于牛误食尿素，或以尿素作为蛋白质补充剂而添加量过多或搅拌不均匀所引起。

2. 症状

牛采食尿素后 20~30 min 即可发病。病初食欲不振，病牛表现大量流涎、瘤胃臌气，反刍及瘤胃蠕动停止，瞳孔散大，皮肤出汗，强直性痉挛反复发作，呼吸困难，皮温不均，口流泡沫，脉搏快而弱，心音增强等。通常在中毒后几小时死亡。

3. 治疗

早期可灌服食醋 500~1 000 mL 或稀醋酸，以抑制瘤胃中脲酶的活力，并中和尿素的分解产物氨。静脉注射 10%葡萄糖酸钙注射液 100~150 mL，或以 20%硫代硫酸钠注射液 25~50 mL。对症治疗可应用强心利尿药，以促进已吸收的毒物从体内排出。对重症病畜静脉注射高渗葡萄糖注射液和水合氯醛注射液，可提高疗效。对瘤胃臌胀、有窒息危险的病牛应及时进行胃管放气。

预防本病应严格控制尿素喂量，总量不应超过精饲料量的2%，饲喂后要间隔30~60 min再供给饮水，且不要与豆类饲料合喂。

二、产科、乳房疾病的防治

（一）产后瘫痪

该病也称为乳热、临床分娩低钙血症。其特征是精神沉郁、全身肌肉无力、昏迷、瘫痪卧地不起。

1. 病因

本病多发生于产奶量高的乳牛，产后瘫痪与其体内钙的代谢密切相关，血钙下降为其主要原因。

（1）由于青饲料及其他粗饲料不足，引起母牛体内糖的缺乏。

（2）饲料中维生素或钙质含量不足，引起母牛体内缺钙。

（3）钙随初乳丢失量超过了由肠吸收和从骨骼中动员的钙量；由肠吸收钙的能力下降；从骨骼中动员钙贮备的速度降低。

2. 症状

（1）多于产后5~72 h内发病。运动异常，兴奋不安、过敏，肌肉震颤，走路不稳，后肢麻痹。

（2）重病卧地不起，对各种刺激的反应都减弱。母牛的头、颈歪向一侧胸壁，呈昏睡状态。

3. 治疗

（1）乳房送风疗法对母牛效果良好。用乳房送风器向乳头内打入空气，等胀满后，用纱布条扎住乳头，经1~2 h后，病情即可好转，并解开纱布条。

（2）静脉注射20%葡萄糖酸钙，300~500 mL/次，收效亦快，或静脉注射10%氯化钙100~150 mL/次。

（3）用25%葡萄糖静脉注射，一次200~300 mL。

4. 预防

（1）加强干奶期母牛的饲养，增强机体的抗病力，控制精饲料饲喂量，防止母牛过肥。充分重视矿物质钙、磷的供应量及其比例。

（2）注射维生素D_3。对临产牛可在产前8 d开始肌内注射维生素D_3制剂1 000万IU，每日一次，直到分娩。

（3）静脉补钙、补磷。对于年老、高产及有瘫痪病史的牛，产前7 d可静脉补钙、补磷有预防作用。其处方是：10%葡萄糖酸钙1 000 mL、10%葡萄糖液

2 000 mL、5%磷酸二氢钠液 500 mL、25%葡萄糖液 1 000 mL、10%安钠咖注射液 20 mL，一次静脉注射。

（二）胎衣不下

母牛分娩后胎衣在一定时间内排出体外，牛的正常胎衣排出时间为 4~6 h（最长 12 h）。凡在上述时间内未被排出者均称胎衣不下。

1. 病因

（1）母牛营养不良，体弱或体质过肥，收缩力弱。

（2）流产或难产，引起子宫炎，或胎儿过大、羊水过多，使子宫收缩力失常。

（3）布鲁菌病等引起。

2. 症状

（1）胎衣不下（正常应于产后 1~10 h 内排出），垂于阴门外，阴门内有淡橙色的臭液流出。

（2）弓腰举尾，排尿困难，有腹痛感。

（3）感染细菌时，体温升高，精神不振，食欲减退，反刍减少，腹泻等，呈全身症状。

3. 治疗

（1）促进子宫收缩：最好在产后 12 h 内肌内注射催产素 50~100 IU，2 h 后可重复注射 1 次。此外还可皮下注射麦角新碱 1~2 mg。在母牛胎衣破裂时接 300 mL 羊水给母牛灌服，可起到促进胎衣排出的作用。

（2）促进胎儿胎盘与母体胎盘分离：向子宫内注入 5%~10%盐水 1 000~5 000 mL，常于灌药后 3~5 d 胎衣脱落。

（3）预防感染：子宫内投入土霉素 2~3 g，隔日 1 次，连续 2~3 次。也可肌内注射抗生素。当出现体温升高、产道创伤或坏死时，可增大药量，改为静脉注射。

（4）全身疗法：①一次静脉注射 20%葡萄糖酸钙和 25%葡萄糖液各 500 mL，每日 1 次；一次肌内注射氢化可的松 125~150 mg，隔日 1 次，共 2~3 次。②一次静脉注射 10%氯化钠 500 mL，25%安钠咖 10~12 mL，1 次/d。

（5）手术剥离：通过手术将胎衣和子叶分离以后，再用 0.1%高锰酸钾液反复冲洗子宫 3~4 次，每次用量 1000 mL 左右，冲洗的药液必须导出。

（三）子宫内膜炎

子宫内膜炎是子宫黏膜炎症，是一种常见的母畜生殖器官疾病，也是导致母畜不育的重要原因之一。

1. 病因

配种、人工授精及阴道检查时消毒不严；难产、胎衣不下、子宫脱出及产道损伤之后，细菌（双球菌、葡萄球菌、链球菌、大肠杆菌等）侵入而引起；阴道内存在的某些条件性病原菌，在机体抗病力降低时，亦可发生本病。此外，发生布鲁菌病、副伤寒等传染病时，也常并发子宫内膜炎。

2. 症状

(1) 急性化脓性：从阴道内排出脓样不洁分泌物，一般在分娩后胎衣不下、难产、死产时，由于子宫收缩无力，不能排出恶露。病牛表现拱背努责，体温升高，精神沉郁，食欲、产奶量明显下降，反刍减少或停止。

(2) 黏液性脓性：表现为排出少量白色混浊的黏液或黏稠脓性分泌物，排出物可污染尾根和后躯；病牛有体温略高，食欲减退，逐渐消瘦等全身症状，但轻微；阴道检查，宫颈外口充血、肿胀；直肠检查，子宫角变粗，若有渗出液积留时，压之有波动感。本病往往并发卵巢囊肿。

(3) 隐性：病牛临床上不表现任何异常，发情正常，但屡配不孕，发情时的黏液中稍有混浊或混有很小的脓片。

(4) 慢性：经常从阴门中排出少量稀薄、污白色或混有脓液的分泌物，排出的分泌物常粘在尾根部和后躯，形成干痂；直肠检查可发现子宫壁增厚，宫缩反应微弱或消失。

3. 治疗

(1) 急性化脓性子宫炎，每日以0.1%~0.3%高锰酸钾溶液或1~2%温盐水洗子宫或以雷夫奴尔溶液冲洗，洗涤液排出后，注入青霉素、金霉素等溶液。

(2) 慢性子宫内膜炎，如渗出液不多时，可选用1∶(2~4)碘酊、碘甘油与等量石蜡油配成复方碘溶液，20~40 mL子宫灌注。

(3) 当感染严重而引起败血症时，应在实施局部治疗的同时，配合全身治疗，即水乌钙、新促反刍液、抗生素三步疗法。

4. 预防

(1) 分娩时做好消毒工作，并保持产房清洁干燥。

(2) 发现胎衣不下时迅速治疗，使其及时排出。

(3) 人工输精时，要认真消毒，防止感染。

（四）乳房炎

本病是产奶母牛的常发病，肉牛偶有发生。

1. 病因

引起本病发生的原因主要是牛舍不卫生，挤乳不规范及乳头损伤导致细菌感染等；其他一些疾病亦可继发乳房炎，如结核杆菌病、放线菌病、口蹄疫及子宫疾病等。

2. 症状

（1）乳房肿胀、发热，触压表现疼痛，乳房淋巴结肿大。

（2）泌乳减少，乳汁变质，初期稀水状呈淡褐色，后变黏稠，并混有灰白色絮状物，有时带有血丝，甚至有黄褐色脓液，有臭味。

3. 治疗

（1）乳头灌注疗法：0.5%环丙沙星 50 mL、0.25%~0.5%普鲁卡因 100 mL、青霉素 80 万 U、链霉素 50 万 IU，每次挤乳后一次乳头灌注，直至痊愈。如疗效不佳，可在此基础上加入地塞米松 10~20 mg（孕牛禁用）。

（2）乳房基部封闭疗法：0.25%~0.5%普鲁卡因 50 mL，青霉素 80 万 U。此方法最好配合乳头灌注疗法，1 次/d，连续 4~5 d。

（3）全身疗法：当引起全身感染，患畜有体温升高等一系列全身反应时采用此法。常用的治疗方法为静脉注射或肌内注射抗生素及磺胺类药物。

三、蹄病

（一）蹄变形

本病又称变形蹄，是乳牛肢蹄病中最为常见且发病率最高的疾病，有的牛场发病率在 50%以上，严重危害乳牛的健康、生产性能和利用年限，因而其造成的经济损失很大。

1. 病因

（1）饲养不当：日粮配合不均衡。例如为了追求产奶量而饲喂过多精饲料，粗饲料不足或缺乏；日粮中矿物质钙、磷不足，或比例不当，致使钙磷代谢紊乱。

（2）管理不当：多见于不定期地进行修蹄等。

（3）遗传因素：变形蹄具有遗传性，特别是后肢外侧趾呈翻卷状的蹄形。经调查，公牛后肢蹄翻卷状，其后代蹄变形率也较高。

2. 症状

蹄变形中后蹄多于前蹄，其特征性症状为跛行和蹄的形态异常，往往和肢变形相伴发生，因而常称其为肢蹄病。

变形蹄的形态多种多样，有长蹄，即蹄尖伸长向上翻，有的蹄前壁凹弯，尖端上翘呈镰刀状，也称为过长蹄；低蹄，即蹄前壁的角度小，蹄尖和蹄踵的蹄壁之比为（3~4）：1；高蹄，蹄前壁的角度大，蹄尖和蹄踵壁高度之比约为5：4；宽蹄，即蹄大而宽，蹄角质松软，蹄裂明显。

变形蹄易于受损伤而感染坏死杆菌和化脓细菌，发生腐蹄病。

3. 防治

对变形蹄在统一修蹄护蹄的基础上，主要在于针对不同的病因进行预防。

（1）加强饲养管理，平衡日粮，特别要注意钙磷及与钙磷代谢有关的元素如镁、锌、铜锰的平衡。如能防止骨营养不良，变形蹄就会明显降低。

（2）牛舍床地要平整，如有可能对高产奶牛的床垫以橡皮垫，运动场要定期补垫无石子等异物杂质的沙子，并保持干燥、清洁、卫生。

（3）从育种上必须重视肢蹄的选育。

（二）腐蹄病

腐蹄病是指蹄间质和邻近软组织的坏死性感染，临床上以间质皮肤充血肿大、溃烂，并有恶臭分泌物排出为特征。多发生于潮湿牛舍及运动场卫生条件差的牛场。

1. 病因

现在普遍认为腐蹄病的病因为坏死杆菌感染或坏死杆菌与其他细菌共同侵害所致。牛舍、运动场卫生条件差，牛蹄长期浸泡在粪尿、泥泞、污秽及不平的地面，使蹄部受异物的损伤和侵蚀，蹄冠周围有污物固着，形成缺氧的环境感染坏死杆菌。当患有钙磷代谢障碍和蹄变形时，蹄部则更易受损并感染坏死杆菌和化脓菌而发生腐蹄病。

2. 症状

腐蹄病多为慢性病程，但也有急性的。病初，特别是急性病程的，牛频举患肢，出现一肢或几肢突然跛行，体温升高，喜卧，不愿站立。蹄部可见趾间皮肤温热肿胀而敏感，或蹄冠呈红色或微蓝色。病程进一步发展，则蹄间质、蹄底发生溃疡、化脓和坏死，并有恶臭的分泌物流出。坏死组织与健康组织之间界限明显。严重的病例可侵及腱、趾间韧带、冠关节或蹄关节，甚至在蹄底形成空洞，蹄壳脱落或继发脓毒败血症。

3. 治疗

用清水或2%来苏尔溶液洗净蹄部的污物。轻度腐蹄病时，用3%~5%高锰酸钾羊毛脂软膏；蹄部肿胀、跛行明显时，用1%高锰酸钾液进行温脚浴疗法。坏死组织需行手术清除，用3%过氧化氢液、1%高锰酸钾液或1%木焦油醇消毒液冲洗，然后撒布碘仿磺胺粉（1∶5）、硼酸高锰酸钾粉（1∶1）、硫酸铜水杨酸粉（1∶1）等，外用浸有松馏油或3%福尔马林酒精溶液的纱布、棉花压紧患部，绷带包扎，5~7 d处理一次。

对急性病例和病情严重而出现全身症状的病例，采取抗生素、磺胺类药物治疗。

4. 预防

针对发病原因，要经常检查牛蹄，及时修蹄；注意并保持牛舍地面、运动场的清洁卫生和干燥；加强饲养管理，特别要注意因钙磷代谢障碍所致蹄病的发生。有人用10%硫酸铜溶液隔日或每周喷洒蹄部及趾间皮肤，对控制腐蹄病有一定作用。

四、常见寄生虫病的防治

目前，许多肉牛场已认识到了内科病和传染病对肉牛生产的影响，但对寄生虫病的危害还没有引起足够的重视。究其原因是大多数寄生虫病感染后出现症状较慢，肉牛生产周期短，有的还没有出现症状，已出栏屠宰。只有当大批牛死亡，给牛场造成严重经济损失时，才感到寄生虫病的严重性。某些寄生虫病虽然没有引起牛死亡，但由于寄生虫长期对肉牛的侵袭，使肉牛长期消瘦，造成饲料的浪费，牛场的经济效益不高。所以，寄生虫病同样是严重影响人和牛的健康，影响肉牛场经济效益的重要疫病，我们对此必须有足够的重视。

寄生虫病的防治原则：对寄生虫病要坚持以预防为主、防治结合的原则。在没有寄生虫病发生时，要做好预防工作；在寄生虫病发生时，要加强治疗。

1. 加强饲养管理

加强饲养管理，提高抗病力，是防治寄生虫病的基础。饲养上适当增加维生素、蛋白质和微量元素含量多的青饲料，对提高抗病力有一定作用。

2. 管理好粪便

很多种寄生虫的虫卵、卵囊、幼虫及孕节，都是随粪便排出，控制和管理好粪便是防治寄生虫病的关键，粪污可用堆积发酵、沼气发酵、喷洒药物等方式杀灭虫体（卵）。

3. 消灭中间宿主

这是杜绝寄生虫病的重要措施之一。由于中间宿主的种类繁多，分布广，消灭方法各种各样，可根据实际情况选择合适的方法、合适的药物消灭中间宿主。

4. 定期驱虫

每年春、秋各驱虫一次，尽量减少畜体内的寄生虫。在寄生虫感染严重的地方，应每隔2~3个月驱虫一次。

5. 严格处理畜尸

对死于寄生虫的尸体，要进行严格处理后。当有寄生虫病发生时，就要准确诊断，认真治疗，细心护理。

对寄生虫病的诊断方法一般有流行病学诊断、临床诊断、虫卵虫体检查、变态反应诊断和尸体剖检等。

（一）肝片吸虫病

该病又称为“柳叶虫”病，是由肝片吸虫寄生于牛肝胆管中引起的，常引起急性或慢性肝炎或胆管炎，伴发全身中毒症状。本病往往呈地方性流行，可引起肉牛大批死亡，对肉牛生产危害很大。

1. 诊断要点

（1）一般症状较轻，在严重感染时，病牛表现出贫血、消瘦、黄疸、拉稀等现象，粪便呈黑色，下颌及胸腹下发生水肿，有的发生死亡。

（2）用直接涂片法、漂浮法、沉淀法检查粪便可发现虫卵。

（3）剖检可在肝胆管中找到虫体。因急性肝片吸虫死亡的牛，在剖解时肝脏肿大，肝包囊下有小点出血，肝表面有暗红色、灰黄色、灰棕色的病灶，内有幼年期的肝片吸虫。死于慢性肝片吸虫病者，肝肿大变硬，胆管扩张，胆管内有污秽棕绿色、稠厚、有黏性腐败性的胆汁。

2. 治疗

（1）按40~80 mg/kg硫双二氯酚，配成悬浮液，一次口服。

（2）按3~4 mg/kg硝氯酚（拜尔9015），一次混入饲料中喂给，是目前较为理想的驱肝片吸虫药。

（3）按12 mg/kg蛭得净，溶于水中，一次服用。

（4）按130 mg/kg六氯对二甲苯，一次口服。

（5）按 10~20 mg/kg 碘硝腈酚，一次口服，或 10 mg/kg，皮下注射。

（二）牛皮蝇蛆病

本病由皮蝇幼虫引起，俗称“牛跳虫”或“牛翁眼”，临床上以皮肤痛痒、局部结缔组织增生和皮下蜂窝织炎为特征。

1. 诊断要点

（1）临床症状：雌蝇向牛体产卵时，牛表现高度不安，呈喷鼻、乱踢、奔跑现象。幼虫钻进皮肤和在皮下组织移行时，引起牛瘙痒、疼痛和不安。虫移行到背部皮下，局部发生硬肿，随后皮肤穿孔，流出血液或脓汁。病牛长期受侵扰而消瘦、贫血，泌乳量下降。

（2）虫体检查：在病牛背部两侧皮下可以摸到许多硬肿（皮蝇叩），并能从皮肤穿孔处挤出幼虫。剖检时在食管壁和皮下能发现幼虫。

2. 防治措施

（1）驱蝇防扰：每年 5—7 月，每隔半月向牛体喷洒 1 次 1%敌百虫溶液，防止皮蝇产卵。

（2）患部杀虫：经常检查牛背，发现皮下有成熟的肿块时，用针刺死其内的幼虫，或用手挤出幼虫，随即踩死，伤口涂以碘酊。除此以外，还可用以下药物杀虫。

①倍硫磷臀部肌内注射时，剂量是 5 mg/kg，以 11—12 月用药为好。涂擦时，用倍硫磷原液在颈侧皮肤直接涂擦，剂量为 0. 5 mL/100 kg。可用油漆刷子在患部反复涂擦，使药液和皮肤充分接触。

②敌百虫用温水（20℃）配成 2%溶液，在牛背穿孔处涂擦。涂擦前，应剪毛露出穿孔处，一般从 3 月中旬至 5 月底，每隔 30 d 处理 1 次，共处理 2~3 次。

③亚胺硫磷乳油泼洒或滴于病牛背部皮肤，杀虫效果比敌百虫好。

④皮下注射伊维菌素 0. 2 mg/kg，有良好的治疗效果。

（三）牛螨病

螨病又称疥癣、疥虫病、疥疮，俗称癞病，由疥螨和痒螨引起，以剧痒、湿疹性皮炎、脱毛和具有高度传染性为特征。

1. 诊断要点

根据临床症状、流行病学资料进行综合分析，确诊需进行病原检查。

（1）流行特点：本病多发于秋冬季节，犊牛最易感染。

(2) 临床症状：牛的疥螨和痒螨大多混合感染。初期多在头、颈部发生不规则丘疹样病变，病牛剧痒，使劲磨蹭患部，使患部落盾、脱毛，皮肤增厚，失去弹性。鳞屑、污物、被毛和渗出物黏结在一起，形成痂垢。病变逐渐扩大，严重时，可蔓延至全身。有时病牛因消瘦和恶病质而死亡。

(3) 实验室检查：主要是检查虫体。

①直接检查法：将刮刀刀刃蘸上液状石蜡油或50%的甘油水，在患部与健康部交界处刮取皮盾，用力刮到出现血迹，将刮下的皮盾置于载玻片上，滴1滴10%苛性钠液，在低倍镜下寻找虫体。

②温热检查法：将刮取的病料置于热水中（45~60℃）20 min，然后放于平盘内，在显微镜下寻找虫体。检查痒螨时，可将病料置平盘中，盖黑布加盖，倒置于热水杯上20 min，然后观察黑布上有无螨虫爬动。

③集虫法：取病料适量，加10%苛性钠液或苛性钾液，加热至沸腾，待病料基本溶解后静置，弃去清液，取沉渣镜检。

2. 防治措施

(1) 治疗方法：有涂药疗法和药浴疗法，前者适于病牛少、气温低时应用，而后者适于大群发病、温暖季节使用。

①涂药疗法：对患部进行剪毛清洗后反复涂药。常用药物有敌百虫溶液：来苏尔5份，溶于温水100份中，再加入敌百虫5份即成；辛硫磷乳剂：配成1/1 000浓度；亚胺硫磷：配成1/1 000浓度，涂于患部。

②药浴疗法：药浴时常用0.025%~0.03%林丹、0.05%辛硫磷、0.05%蝇毒磷、0.1%杀虫脒水溶液或0.03%~0.05%胺丙畏乳油水溶液。用药后要防牛舔食，以免中毒。

(2) 预防：牛舍要通风、干燥、透光，定期清扫、消毒；牛群密度适宜。观察牛群中有无搔痒、掉毛现象，一旦发现病牛，及时隔离治疗。治愈的病牛继续观察20 d以上，如未发病，再用杀虫药处理后方可合群。引入牛时，应隔离观察，确认无螨病后再混群饲养。每年夏季对牛进行药浴，是预防螨病的主要措施。饲养管理人员要随时对工作服、用具等进行消毒。

(四) 其他寄生虫病

在牛养殖过程中，硬蜱病、弓形虫病、附红细胞体病对牛的健康影响也非常大，养殖中要加强饲养管理，减少此类病例发生。

【任务实施】

1. 对瘤胃积食疾病的判定

症状项目	现象判断	备注
食欲废绝		在现象栏中有的请打“√”
反刍减少或停止		
按压瘤胃坚实、胀满		
瘤胃上部集有少量气体		
有呻吟、流涎、嗳气		
瘤胃积食		

2. 对照处方进行实施

实施处方	用法	效果判断	备注
硫酸镁 800 g、常水 4 000 mL	一次灌服		配合禁食和改善饲料品质
10%氯化钠注射液 500 mL、5%氯化钙注射液 150 mL、10%安钠咖 30 mL	一次静脉注射		

3. 学习评价

评价内容	自我评价（10 分）	教师评价（10 分）	平均总评
熟悉常见普通病的防治方法（10 分）			
掌握产科、乳房疾病的防治措施（10 分）			
掌握蹄病处置办法（10 分）			
了解常见寄生虫病的防治措施（10 分）			
平均总计			

注：评分标准为总评中 9~10 分为优，7~8 分为良，6~7 分为中，6 分以下重新学习。

【任务反思】

1. 牛常见的产科疾病及乳房疾病有哪些，并描述一种病的治疗方法。

2. 寄生虫病的防治措施有哪些？

任务三　粪污处理

【任务目标】

知识目标：了解粪污收集方式。

技能目标：1. 掌握牛场粪尿处理措施。

　　　　　2. 明确牛场粪尿利用方法。

【任务准备】

一、粪污的收集方式

当前，规模化牛场的舍内多为水泥硬化地面，为使干粪与尿液及污水分离，需在牛舍内装备机械清粪设备，进行无害化处理，提高资源利用率，降低劳动力成本。牛场常用的粪污收集方式有人工清粪、半机械清粪、刮粪板清粪。

1. 人工清粪

人工利用铁锨、铲板、扫帚等对粪便进行清理、收集成堆，是小规模牛场普遍采用的清粪方式。无须设备投资、简单灵活，但工人工作强度大、环境差，工作效率低。

2. 半机械清粪

用清粪车辆、小型装载机进行清粪。目前，铲车清粪工艺运用较多，是从全人工清粪到机械清粪的过渡方式。

3. 刮粪板清粪

新建的规模化牛场主要使用刮粪板清粪，该系统主要由刮粪板和动力装置组成。此清粪方式能随时清粪，机械操作简便，工作安全可靠，噪声低，对牛群的行走、饲喂、休息不造成任何影响。刮粪板不需要专门的安装基础，无论是新建牛舍还是旧牛舍，设备的安装都非常方便，可称为最适合牛场的“低碳”污粪处理系统。

二、牛场粪污的处理、利用

牛场的污染物主要为牛粪尿、冲洗场地水、废弃草料、废渣物等。对牛场污染物的处理应考虑以减量化、无害化、种养结合循环经济利用方式进行。

1. 污水处理

牛场排水包括生产生活污水和直排废水两部分。场区内排水实行雨、污分流，牛粪进行固液分离，固形物袋装后进行发酵杀虫，可用于蚯蚓养殖等；污水经污水处理站处理达标后与直排废水汇合排放（图 4-1）。

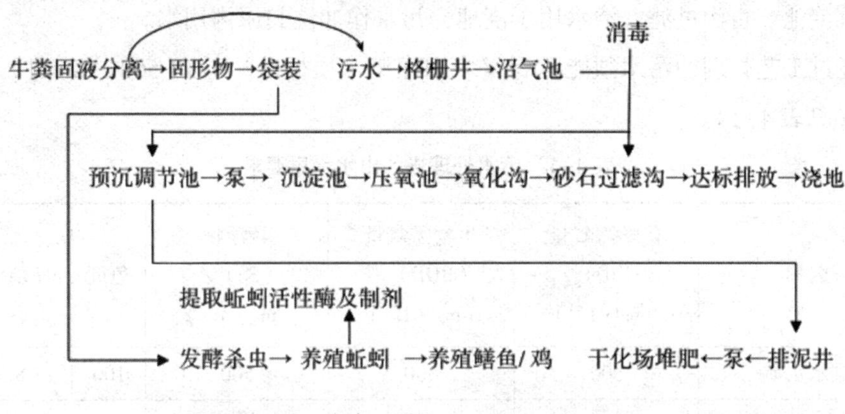

图 4-1　牛粪、污水处理循环工艺流程

2. 牛粪的处理、利用

（1）有机肥生产：固液分离出来的牛粪固形物含水量 30%~35%，适当地堆积发酵、干化场风干可作锅炉燃料或牛床垫料，亦可装袋作为肥料外运或用于农作物。

牛场牛粪作有机肥的生产流程为：清理牛粪—搅拌（除臭脱水）—打堆发酵（一个月）—配方、粉碎、过筛—装包—成品。

（2）还田（土）消纳：牛粪尿还田作肥料是一种传统的、经济有效的粪尿利用方法，也是国家提倡并符合我国国情的一种方法。还田模式适用于远离城市，土地宽广，特别是种植需要常年施肥的作物如水果、蔬菜、经济类作物等的地区。

还田模式的优点：污染物排放量降低，最大限度实现资源化，可以减少化肥施用，增加土壤肥力；投资省，耗能少，无须专人管理，运转费用低。但缺点是需要有大量农田来利用粪便污水，若处理不当，可能存在着传播畜禽疾病和人畜共患病的危险，也可能对地表水和地下水构成污染。

（3）循环利用：包括基质化利用和种养循环利用。基质化利用是将牛粪与猪粪、鸡粪按一定比例制成优质蘑菇栽培料，种植蘑菇，再将种植蘑菇的废渣加工成利于农作物的有机肥或加工成富有营养价值的生物菌糠饲料，饲喂牛、羊、猪等。种养循环利用是将牛粪污处理后，用于种植优质牧草、饲用玉米，牧草和玉米制成饲料喂牛；或将牛粪尿经微生物发酵后转化为有机肥，用于种植粮食、水果、蔬菜、牧草等农作物及经济作物，种植和养殖的有机结合，可创造出新的更高的经济效益，做到变废为宝。

（4）污水利用：固液分离的液体可建设沼气池发酵生产能源，沼液通过曝氧沟、沉淀池、盲沟过滤，清水用于浇地，污水作冲洗粪尿沟用水。

经过工艺处理的污水须能达到《农田灌溉水质标准》（GB 5084—2021）二类标准（见表4-1）。

表4-1　污水处理进、出水水质要求

名称	化学需氧量（COD）/（mg·L^{-1}）	生物需氧量（BOD）/（mg·L^{-1}）	悬浮物（SS）/（mg·L^{-1}）	色度	pH值
进水水质	500	300	500	100	7~8
出水水质	<300	<150	<200	<50	6~9
去除率/%	>40	>50	>60	>50	

【任务实施】

深入牛场观摩牛粪作有机肥的生产流程

逐一参观，体验清理牛粪—搅拌—打堆发酵—配方、粉碎、过筛—装包—成品的生产流程，写出心得体会。

学习评价如下。

评价内容	自我评价（10分）	教师评价（10分）	平均总评
了解粪污收集方式（10分）			
掌握牛场粪尿处理措施（10分）			
明确牛场粪尿利用方法（10分）			
平均总计			

注：评分标准总评中9~10分为优，7~8分为良，6~7分为中，6分以下重新学习。

【任务反思】

1. 牛场的粪尿处理措施有哪些？

2. 如何有效利用牛场粪尿？

项目测试

一、单项选择题（将正确的题号填在括号内）

1. 大门入口处设立消毒池，使用2%苛性钠溶液每（　　）天更换1次，主要是针对车辆消毒。

A. 1　　B. 2　　C. 3　　D. 7

2. 饲槽、饮水器、草料及粪便载运车辆及各种用具须每（　　）刷洗一次，用0.1%新洁尔灭、强力消毒灵、“84”消毒液、抗毒威等消毒。

A. 天　　B. 周　　C. 月　　D. 年

3. 引进牛群前，空牛舍彻底消毒的第一步是（　　）。

A. 清除牛舍内的粪尿及草料，运出做无害化处理

B. 用高压水彻底冲洗门窗、墙壁、地面及其他一切设施

C. 干燥

D. 消毒

4. 牛舍（　　）进行一次消毒，产房每次产犊都要消毒。

A. 每月　　B. 每次　　C. 每周　　D. 每批

5. 牛传染性胸膜肺炎弱毒苗预防牛肺疫，免疫期为（　　）。

A. 1个月　　B. 3个月　　C. 半年　　D. 1年

6. 在全进全出饲养管理中空栏时，或烈性传染病发生初期、疫病平息后准备解除封锁之前，采取全方位清理消毒，是（　　）。

A. 终末消毒　　B. 即时消毒　　C. 日常消毒　　D. 季节性消毒

7. 预防尿素中毒应严格控制尿素喂量，总量不应超过精饲料量的（　　）%，饲喂后要间隔30~60 min再供给饮水，且不要与豆类饮料合喂。

A. 1　　B. 2　　C. 3　　D. 5

8. 牛胎衣不下的治疗最好在产后（　　）h内肌内注射催产素50~100 IU，2 h后可重复注射1次。

A. 5　　B. 7　　C. 12　　D. 24

二、多项选择题（将正确的题号填在括号内）

1. 疫苗接种描述正确的有（　　）。

A. 接种疫（菌）苗用的器械事先严格消毒。

B. 根据牛场情况，每头牛换一个注射针头。

C. 接种疫（菌）苗时不能同时使用抗血清，消毒剂不能与疫苗直接接触。

D. 疫（菌）苗一旦启封使用，必须 4 h 内用完，不能隔天再用，报损疫苗要无害化处理（深埋、焚烧），不能乱丢。

2. 瘤胃臌气正确的处理措施有（　　）。

A. 使用抗生素　　B. 排气减压

C. 排除胃内容物　　D. 止酵消沫

3. 产后瘫痪的主要特征有（　　）。

A. 精神沉郁　　B. 全身肌肉无力

C. 兴奋　　D. 瘫痪卧地不起

三、判断题（正确的在括号里打 A，错误的在括号里打 B）

（　　）1. 集约化牛场认真贯，彻预防为主，防重于治”的方针。

（　　）2. “自繁自养”是防止从外地买畜种带进疫病的一项重要措施。

（　　）3. 预防免疫注射是防治传染病发生的关键措施。

（　　）4. 瘤胃积食可先停食 10~20 d，再给予少量优质多汁饲料。

（　　）5. 胃肠炎是胃与肠道黏膜及黏膜下深层组织的重剧性炎症过程。

（　　）6. 牛场排水包括生产生活污水和直排废水两部分，场区内排水可以不实行雨、污分流，汇合排放。

（　　）7. 活疫（菌）苗必须冷冻保存，灭活苗在 4~8℃保存。

（　　）8. 养殖场只要做好养殖场环境和圈舍的清洁卫生及消毒工作，可以不进行预防免疫。

（　　）9. 每年春、秋各驱虫一次，尽量减少畜体内的寄生虫，在寄生虫感染严重的地方，应每隔 2~3 个月驱虫一次。

（　　）10. 弓形虫病是由龚地弓形虫引起的人畜共患寄生虫病。

（　　）11. 母牛分娩后胎衣在一定时间内排出体外，牛的正常胎衣排出时间为 4~6 h。

（周厚品　吴显军）

项目五　牛场的经营管理

项目导入

某养殖场养了800头奶牛，然而，一年后，奶牛场奶牛乳房炎频发，且养殖场老板经过计算后发现，这一年奶牛场不仅没有赚到钱，反而一直在赔钱，且政府前来检查经常遭到处罚。经过几天检查后发现奶牛场一直赔钱的原因有三：（1）奶牛场饲养管理有较大问题。挤奶人员挤奶方式不当，且挤奶后奶牛回到原位置，饲料未及时到，导致大量奶牛卧在地上，乳房挤奶后挨着脏的地面而被污染，导致乳房炎频发，从而造成奶牛场产奶量下降，治疗费用增加。（2）奶牛场人员管理不当。工作任务负责人不明确，导致工人相互推诿，造成了奶牛场脏乱差，污染环境。(3）奶牛场账目不清晰。工作人员购买了很多不是常需的药品和大量易霉变的饲料等，造成大量浪费。随后，奶牛场老板对每个工人做了培训，并建立了生产责任制和规章制度，制定了牛场日常工作日程，奶牛场慢慢开始赚钱了。

上述案例中，奶牛场因经营管理不善导致一直赔钱。本项目通过阐述牛场的经营管理，旨在通过经营管理好牛场，达到提高牛场生产效率和经济效益的目的。

本项目有3个学习任务：（1）牛场的规划设计；（2）牛场的生产管理；（3）牛场的财务管理。

任务一　牛场的规划设计

【任务目标】

知识目标：1. 掌握牛场建设原则以及场地规划布局。

2. 了解乳牛场场址的选择。

3. 了解牛场牛舍的类型及内部设备。

技能目标：能够规划建设牛场。

【任务准备】

一、牛场建设原则

建设牛场的目的是给牛提供舒适的生产生活环境，以获得最好的生产性能和最佳的经济效益。建设总体原则就是要从当地的实际情况出发，对牛场的资源进行合理配置、优化使用，用经济实用和长远的眼光统筹安排，简而言之就是：因地制宜、合理布局、经济适用、科学规范。修建一座新的牛场，要考虑牛群的规模结构和当地环境、气候条件，从而进行合理的布局。

牛群规模和牛群结构，以及未来的发展空间，对牛场的建设有不同的要求，对于规模较大的牛群（600 头以上），在牛群结构上可以分为以下几种。

1. 犊牛群

犊牛群是指 0~4 月龄的牛群。犊牛群包括新生群（0~3 日龄，初乳）；哺乳群（4~49 日龄，哺乳群又分为常乳群和代乳料群）；断乳群（50 日龄~4 月龄，断乳群又分为开食料群和常规料群）。

2. 后备母牛群

后备母牛群是指 4~15 月龄的牛群。

3. 青年母牛群

青年母牛群是指 15~24 月龄的牛群。青年母牛群又分为未配种群、已配种群和怀孕群。

4. 生产母牛群

生产母牛群是指 25 月龄以后的牛群。生产母牛群根据繁殖和营养状况分为分娩前后 30 d 内的围产牛群、泌乳牛群、干奶期肥牛群、干奶期瘦牛群、分娩前的待产成年和青年母牛群。

其中，干奶期牛的肥瘦是根据预产期前 35 d 的体况评分（BSC）来划分的。待产母牛应该规划为占总母牛数的 4%左右，并且成年母牛于预产前 20 d，小母牛于产前 1~2 个月转移到待产群（产前围产期）。

二、牛场场址的选择

场址的选择，要周密考虑、统筹安排和长远规划。必须与农牧业发展规划、农田基本建设规划及今后修建住宅等规划结合起来，以适应现代化养牛的需要，所选择的场址，要留有发展的空间。

牛场的位置应选在离饲料生产基地和放牧地较近、交通便利、供电方便的地方，但不要靠近交通要道与工厂、住宅区，以利于防疫和环境卫生。

在四川农区，大多数地区冬季平均气温不低于0℃，而夏季则湿度大、闷热，具有夏季高温高湿、冬季低温高湿的特点，因此，牛场建设主要以应对夏季热应激为主。根据一年内主风向确定牛场牛舍朝向。牛舍还必须有防阳光的棚圈、降温系统、排水系统等。

牛舍要修建在地势高燥、背风向阳、空气流通、土质坚实、地下水位低、排水良好、具有缓坡的开阔平坦地方。平原沼泽一带的低洼地、丘陵山区的峡谷，由于光照不足、空气流通不畅、潮湿阴冷，不利于牛体健康和正常生产作业。高山山顶虽然地势高燥，但风势大，气温变化剧烈，交通运输也不方便。因此，这类地方都不宜选做牛场和修建牛舍。

水是牛维持生命、健康和生产力的必要条件。一般情况下，专门化肉牛场的饮用水和冲洗水按每头每日80 L计算用水量，饲养100头肉牛的养殖场每天至少需要8~10 t水。因此，牛场场址应选在有充足良好水源之处，以保证常年用水，取用方便。要注意水中的微量元素成分与含量，特别是工业污染和微生物、寄生虫的污染程度。通常井水、泉水等地下水的水质较好，而溪、河、湖、塘等地面水，则应尽可能地经过净化处理后再使用，并要保持水源周围的清洁卫生。

三、场地规划布局

应本着因地制宜和科学饲养管理的原则，合理布局，统筹安排。场地建筑物的配置应做到整齐、紧凑，提高土地利用率，节约供水管道，有利于整个生产流程，便于防疫，并要注意防火安全。

1. 牛舍

牛舍应建造在场内中心。为了便于饲养管理，尽可能缩短运输路线，要利于采光，便于防风。修建数栋牛舍时，应采取长轴平行配置。当牛舍超过4栋时，可两行并列配置，前后对齐，相距10 m左右。乳牛舍建筑应包括牛奶处理室、工具室、值班室。没有设置水塔和饲料调制间的小型牛场，还应在牛舍内设水箱（或贮水槽）及调料室。在牛舍四周和场内舍与舍之间都要规划好道路，净道和污道应分开，互不交叉。道路两旁和牛场各建筑物四周都应绿化，种植树木，夏季可以遮阳和调节场内小气候。

2. 饲料库与饲料调制室

饲料调制室应设在距离各栋牛舍较近的地方，并且饲料库房靠近调制室，以便运输饲料。

3. 青贮塔（窖）与草料棚

青贮塔（窖）可设在牛舍附近，便于取用，但必须防止牛舍和运动场的污水渗入窖内。草料库房则应设在距离房舍 50 m 处的下风处，以利防火。

4. 贮粪场及兽医室

贮粪场应设在牛舍下风的地势低洼处。兽医室和病牛舍要建筑在距牛舍 200 m 以外的地方，以免疾病传播。

5. 场部办公室和职工宿舍

大型牛场的办公室和宿舍区应设在牛场大门口或场外，以防外来人员联系工作时，穿越场内传播疫病。职工家属不得随意进入场内。场部或生产区门口应设值班室及消毒池。

四、牛舍的类型和内部设备

修建牛舍的类型，应根据当地环境温度、湿度情况来决定，要坚持冬季防寒、保温，夏季防暑、降温的原则。牛舍内部气温环境的控制和改善，决定于牛舍的建筑材料和类型。国内常见的牛舍有拴系式和散栏式两种。

1. 拴系式牛舍

亦称常规牛舍，内设有拴牛的铁链、颈架等。奶牛的饲喂、挤奶、休息均在牛舍内。其优点是能做到个别饲养，分别对待；母牛如有发情或不正常现象极易发现；同时，还可避免严寒气候对人畜的侵袭。缺点是耗费劳力较多、牛舍造价较高、母牛的角和乳头易受损伤；而且这种牛舍缺少灵活机动性，一旦建成很难再进行扩建或改作他用。常见的拴系式牛舍建筑形式有钟楼式、半钟楼式和双坡式 3 种。

钟楼式：通风良好，但构造比较复杂，耗料多、造价高，不便于管理。

半钟楼式：通风较好，但夏天牛舍北侧较热，构造亦复杂。

双坡式：牛舍造价低，可利用面积大，易施工，适用性强。加大舍内门窗面积，可增强通风换气，冬季关闭门窗有利保温。国内拴系式牛舍多采用此式。

（1）排列方式

牛舍内部母牛的排列方式视牛数的多少而定，分单列式、双列式和四列式等。20 头以下的牛群可采用单列式，20 头以上多采用双列式。在双列式中，因母牛站立方向的不同，又分为牛头向墙的对尾式和牛头相向的对头式两种。其中以对尾式应用较广。因牛头向窗，对日光和空气的调节较为便利；传染疾病的机会较少；对母牛挤奶、发情的观察及清洁卫生工作均较便利；可保持墙壁清洁，避免被奶牛排泄的粪便所污染。缺点是分发饲料时稍感不便。对头式的优缺点则与此相反。

（2）内部设备

在对尾式牛舍中，内部中央有一条通道，宽 1.4~1.8 m，为清除通道两旁排尿沟内粪便、挤奶及照料母牛时行走之用。每侧墙壁与饲槽之间有给饲通路，宽 1.0~1.4 m。

牛床位于饲槽后面，有长形和短形两种。长形牛床适用于种公牛和高产母牛，附有较长的活动铁链，此种牛床的长度，自饲槽后沿至排尿沟为 1.95~2.25 m，宽 1.3~1.8 m。短形牛床适用于一般母牛，附有短链，牛床长 1.6~1.8 m，宽 1.1~1.25 m。为了防止牛互相侵占床地和便于挤奶及管理，可在牛床之间装钢管隔栏，其长度约为牛床地面长度的 2/3。牛床地面应向粪沟作 1/100 的倾斜度。

牛床前面设有固定的水泥饲槽，槽底为弧形，最好用水磨石建造，表面光滑，以便清洁，经久耐用。饲槽净宽 45~60 cm，前沿（靠近给饲通路）高 60~80 cm，其作用是阻挡饲料，防止牛采食时将饲料抛撒出去。饲槽后沿稍低，其高度视牛床长短而定。长形牛床用高槽，其后沿高度为 40~50 cm；短形牛床用低槽，高度为 20~30 cm。中央应有月牙形缺口，以便牛采食或休息。为了防止牛互相抢食和传染疾病，在饲槽上统一装有颈架，或在每两头牛的饲槽间装设一活动的隔板。牛舍各种设施规格，视牛体大小而定。参考表 5-1。

表 5-1　牛舍各种设施规格单位长

牛只	牛床宽/m	牛床长/m	粪尿沟宽/m	粪尿沟深/m	走道宽/m	饲槽宽/m	饲喂走道宽/m
大牛（600~750 kg）	1.2~1.40	1.65~1.80	0.4~0.5	0.25~0.4	1.80~1.40	0.45~0.60	1.0~1.40
中牛（450~600 kg）	1.1~1.2	1.55~1.65	0.4~0.5	0.25~0.4	1.80~1.40	0.45~0.60	1.0~1.40
小牛 450 kg 以下	1.0~1.1	1.40	0.4~0.5	0.25~0.4	1.80~1.40	0.45~0.60	1.0~1.40

为了能让牛经常喝到清洁的饮水，自动饮水器是舍饲奶牛给水的最好办法。每头牛饲槽旁边离地面约 0.5 m 处都应安装此种自动饮水设备。自动饮水器系由水碗、弹簧活门和开关活门的压板组成。当牛饮水时，用鼻镜按下压板，亦即压住活门的末端，内部弹簧被压缩而使活门打开，这时输水管中的水便流入饮水器的水碗中。饮毕活门借助弹簧关闭，水即停止流入水碗。据试验，采用自动饮水器，可使奶牛的产奶量提高 10%~12%。

（3）运动场

每栋牛舍的前面（或）后面，应设有运动场。用地面积：成年牛每头为15~20 m^2，育成牛每头为10~15 m^2，犊牛每头为5~10 m^2。

运动场地面结构有水泥地面、砌砖地面、土质地面和半土半水泥地面等数种，各有利弊，分析如下。

①水泥地面：为水泥、沙子混合而成，经压磨并做成一定的花纹，以防滑跌。其优点是坚固耐磨，排水通畅，便于清扫，使用年限长。缺点是地面过硬，导热性强，冬凉夏热，易造成蹄病及关节疾病。

②砌砖地面：砖块有平铺与立铺两种。其优点是砖的导热性小，具有一定的保温性能，冬季温暖，夏季较凉爽。其缺点是砖地面易被奶牛踏坏，扎伤牛蹄，引起蹄炎。因此，在砌砖地面上应铺上一层沙，可克服以上缺点。

③石板地面：在一些产石材地区以石板铺运动场，虽然经济耐久，但因石板导热性强，冬凉夏热，硬度大，易造成乳房、牛蹄等外伤，牛易得关节炎和蹄变形，应避免采用。

④土质地面：采用黄土或沙土铺垫运动场，在四川高温高湿条件下，容易造成泥泞，牛易患乳房炎及蹄病。需要勤扫勤垫，颇费劳力。

⑤三合土地面：一般采用黄土、细炉灰或沙子、石灰以5∶3∶2混合而成。按一定的坡度要求（中间略高，四周慢坡，坡度约2%，以利排水）铺垫夯实。三合土地面软硬适度，吸热散热性能好，可大大减少奶牛肢蹄病和乳房炎，是较理想的奶牛运动场地面结构。

⑥半土半水泥地面：将运动场分成两部分，一半为三合土地面（远牛舍端），一半为水泥地面（近牛舍端），中间设栅栏，将两部分隔开。下雨时牛在水泥地运动场内，将栅栏关闭，不让牛进入土地面，以免踏坏地面。晴天时两部分均可使用，让牛自由择地活动。这也是较为理想的运动场结构。

运动场栅栏要求结实、坚固，以钢管为上选，高约1.5 m；有条件的可用电缆作栅栏。在运动场的周围应植树绿化，既遮阳挡风沙，又美化环境。

在运动场内应设饮水池、矿物质补饲槽、补料槽及凉棚。一般饮水池与矿物补饲槽连接修造。为避免冬季饮水池水冻结、平时水不流动且易受污染、饮水不新鲜等弊端，设计自动饮水池为宜。夏日为防日晒及防风雨，可在运动场内设凉棚。一般以每牛占有约5 m^2 的凉棚面积，凉棚搭盖的高度应在3.2 m以上，凉棚的顶部使用隔热性能好的材料。为保证棚内空气流通，最好采用顶部带有过楼的凉棚。棚下地面宜用水泥或水泥砌立砖结构。

2. 散栏式牛舍

散栏式牛舍是指奶牛除挤奶时外，其余时间均不加拴系，任其自由活动，故称散养式牛舍，一般包括休息区、饲喂区、待挤区和挤奶区等。母牛可随意走动到休息区，并在挤奶区（间）集中挤奶。

母牛饲喂和挤奶后到休息区休息，可以躲避严寒和酷暑。每头母牛床地面积一般为1.5~2.0 m^2。床地铺有褥草，每天添加新草，堆积数日，每年用清粪机清理2~3次。

整个休息区处在露天，饲喂区在凉棚下，为双列式牛床，床尾有粪沟。

散养式牛舍的优点是：便于实行机械化、自动化，可大大节约劳力；牛舍内部设备简单，较为经济，但根据舍内机械化水平的高低和设备类型，其造价也可能相似或高于常规的拴系式牛舍。母牛在散养式牛舍感到舒适，在有隔栏设备的情况下，能尽量减少牛体受损伤的危险。由于母牛是在挤奶间集中挤奶，与其他房舍隔离，受饲料、粪便、灰尘的污染较少，较易保持牛体的清洁，并可提高牛奶的质量。其缺点是：不易做到个别饲养，并且由于共同使用饲槽和饮水设备，传染疾病的机会较多。

在温暖地区，可建造棚舍式或荫棚式奶牛舍。在炎热的南方，则可建造启闭式奶牛舍。

五、牛场的附属设施

1. 挤奶台

挤奶台根据每组泌乳母牛的头数，每天挤奶的次数及挤奶台操作能力，参考奶牛泌乳的速度来建设。

2. 产房

产房毗邻挤奶台建设。由于围产期的牛抵抗力较弱，产科疾病较多，因此，产房要求冬暖夏凉，舍内便于清洁和消毒。产房内牛床数一般可按成年母牛的10%~13%设置。采用双列式对尾式，牛床长2.2~2.4 m，宽1.4~1.5 m。母牛在分娩后的24 h内都要待在单间内。

3. 饲料中心

（1）青贮池建设

青贮池一般高为2.5~5 m，宽一般为3~6 m，长度按如下公式计算。

$$长度（m）=\frac{年牛存栏量（头）\times 年需要量（t/头）}{宽（m）\times 高（m）\times 容积比重（t/m^3）}$$

容积比重是指每立方米中青贮饲料的重量。

青贮池底部为一般混凝土，并设计排液沟或按坡度 1%~3%处理，按计算好的长度砌墙即可，也可以采用袋装青贮饲料。

(2) 水槽

水是牛奶的主要成分，因此，每日应该给奶牛提供足够的清洁饮水，并监测病原菌和矿物质含量。

水槽应该沿饲喂通道一侧排列，让奶牛只从饲喂通道侧饮水。沿围栏和挤奶内通道增设水槽。水槽要平而宽，最好用不锈钢的材料做成。一般水槽长 3 m，每头奶牛占位 20 cm，宽 0.6~0.8 m，高 0.6~0.9 m，也可以设计自动饮水碗。

【任务实施】

牛场规划设计图

1. 目的要求

掌握牛场规划设计的方法。

2. 材料准备

白纸、笔、尺子等。

3. 操作步骤

现有一老板打算修建一个牛场，请帮助他选择场地，规划设计一个牛场。

将学生分组，每组 5~8 人并选出组长，组长负责本组操作分工。根据所学知识，小组成员共同画出一份按比例缩减的规划设计图（标记出位置、风向等），小组讨论修正后汇报。

4. 学习效果评价

序号	评价内容	评价标准	分数	评价方式
1	合作意识	有团队合作精神，积极与小组成员协作，共同完成学习任务	10	小组自评 20% 组间互评 30% 教师评价 30% 企业评价 20%
2	规划设计图	牛场选址符合要求，场地规划符合要求，设施设备齐全	40	
3	沟通精神	成员之间能沟通解决问题的思路	30	
4	记录与总结	完成任务，记录详细、清晰	20	
合计			100	100%

【任务反思】

1. 简述牛场建设的原则。
2. 简述如牛场场址的选择方法。
3. 牛舍具有哪些类型？
4. 牛场需要哪些设施设备？

任务二　牛场的生产管理

【任务目标】

知识目标：1. 了解牛场的人员配备。
　　　　　2. 了解牛场的管理方法。
技能目标：能组织管理牛场。

【任务准备】

一、牛场人员配备

1. 牛场人员组成

根据工作任务和工作流程，设置工作岗位，包括饲养人员（饲养员、挤奶员、饲料加工人员等），技术人员（畜牧技术人员、兽医防疫技术人员、繁殖配种技术人员等），采购及销售人员，服务人员（司机、维修工等），管理人员（场长、会计、出纳等）。

2. 人员的素质培训

饲养人员、技术人员、采购及销售人员、场长等要经过畜牧和兽医专业培训。工作安排中要以老带新。场长要熟悉生产的各个环节，最好有各个生产岗位的历练，且具备市场营销、成本核算、会计核算等基本知识。采购及销售人员还要进行营销培训，服务人员需进行相关业务技能培训。

二、牛场的计划编制和管理

利用平衡法、滚动计划法、线性规划法等编制计划。

1. 将牛划分为肉用型和乳用型两类。根据牛的经济用途、生长发育阶段、生理特点分为不同类群，如：奶牛可分为成年奶牛、后备母牛、青年母牛、幼年母牛、犊牛等类群；肉牛可分为种母牛、种公牛、后备公（母）牛、青年牛、犊牛、育肥牛等类群。

2. 根据牛场的资金状况等资源确定饲养规模，将牛划分到不同类群，保持一定的结构比例，编制生产经营计划。先根据牛群结构和生产发展规划编制专业计划，如配种产犊计划、牛群周转计划、饲料供应计划、岗位用工计划等，依据专业计划归纳总结形成年度综合计划。按时间，计划可以是年度计划，也可是季度、月、旬、周计划。

三、牛场劳动力组织管理

1. 人力资源分配

牛场根据岗位设置及岗位工作量投用劳动力，一般实行两班或三班倒，要正确处理劳动力与其他生产要素间的关系，分工与协作的关系。

2. 建立健全生产责任制

建立健全生产责任制，提高员工生产积极性，做到分工明确，责任分明，奖惩兑现，使责、权、利相结合。

3. 建立规章制度

包括岗位责任制度、分级管理分级核算制度、简明生产技术操作规程制度、奖励制度等，做到有章可循。

4. 制定牛场日常工作日程

根据饲养方式、挤奶次数、饲喂次数等制定各项工作的先后顺序和操作规程，工作日程可根据季节变化、饲养方式变化调整改变，但一般短时间内要相对固定，便于形成条件反射，利于人畜规律生活生产，达到生产效率最大化。

如某牛场在饲养管理中规定如下。

饲养员：（1）上班时间。①早上 6: 30 准时喂牛（以打铃为准，如遇特殊情况，以哨音为准），特殊情况允许晚点喂牛，如停电、牛跳槽等。早上 8: 00 饮水。②中午 12: 00 准时饮水。③18: 00 准时喂牛，20: 30 饮水。（2）把草料和精饲料混合均匀后再喂牛。（3）坚持做到定时定量，少喂勤添，让牛吃饱吃好。（4）喂牛时注意牛吃草的情况，有情况及时向兽医报告，并将情况在通报栏上写明。（5）喂时不能除粪，不能离开牛棚。（6）喂牛时穿布鞋，除粪时穿靴子。（7）喂完牛后要打扫草道，保持草道清洁干净。（8）牛棚中不能多次剩余过多的草料，如草料多次过多剩余或不足，饲养员有权要求增减草料。（9）饲养员有权要求兽医到所在牛棚给牛看病。（10）除粪时不能把粪排到排水沟中。（11）保持牛棚周围环境清洁。

饲草组：(1) 上班时间。上午 7: 30 点准时上班，17: 30 点准时上班。倒土、倒坏草料时间按其调整（签到为准)。(2) 严格按照饲料配方配合精饲料。饲草组应配合保管员将饲料原料、成品料要按照不同品种分别摆放整齐，便于搬运和清点。(3) 严格按照操作规程操作各类饲料机械，确保安全生产。(4) 每天按照技术员的发料单，给各个班组运送饲料。要有完整的领料、发料记录，并有当事人签字。(5) 运送或加工饲料时，注意检出异物和发霉变质的饲料。

保管员：物资储备是为了保证公司生产不断而储存备用的物资。仓储保管保证各类物资按质、按量、及时、准确地供给企业生产线，仓储管理就是为了物资不变质、不短缺，保持原有的使用价值，以利生产的需要。(1) 库房保管员必须懂得物资名称、规格、型号及保管、保养知识，识别常用标志符号，熟悉保管制度，真正做到材料入库有验收，保管物品有条理，发入材料有手续，严格掌握库存数量和库存最低基数，出入库存相符，材料必须编号。(2) 验收材料必须按发票及随货同行，详细核对规格、型号、数量及时填写入库凭证，签名后交统计员入账，统计、保管员同时入账。对协调物资及时办理和支账，以免漏支。日清月结，每月 25 日和统计员核对账目。保管员要做到不定期核对库存物资，不得有换项现象存在。发现账物不符，查明原因，处理问题不过夜。库存物资低于储备量应及时填写待料单。(3) 外省到货必须立即登记造册，写清供货单位、发出站名、到货日期及铁路运输号码和件数，然后开箱验货，箱内物资核对清楚后填写入库凭证交统计员入账。(4) 入库材料如发现质量问题，应立即向主管负责人通报，等待解决处理。采购员物资入库必须货、单齐全，否则保管员有权拒绝收货。(5) 凡入库的零部件一定要按系、按型号、按规格摆放整齐，经常保持库内卫生，严禁闲人停留。经常检查库内是否有不安全因素存在，危险物品必须按规定、按要求存放，发现问题及时解决。(6) 每月汇总各类饲料进出库情况，配合财务人员清点库存。(7) 坚守工作岗位，遵守劳动纪律，勤学业务知识，提高服务质量。

值班人员：(1) 值班时间。白天值班人员 6: 30 前到场值班，值班期间不能离开牛场，值班在厂食堂吃饭。(2) 白天值班人员携带厂区钥匙，关闭大门并上锁，不经批准任何人不准进入牛场（兽医除外)。(3) 发现如有牛跑出圈舍，通知在牛棚的饲养员来帮助抓牛。(4) 晚上值班人员 20: 30 必须到场。所有在牛场住的人员，宿舍里人走必须关灯，关闭风扇，切断一切用电电器，避免造成浪费。

组长：(1) 饲料组长和饲养组长，每天必须对小组人员的考勤做详细记录。(2) 饲养期间，饲养组长对各棚进行巡视，以便饲养更加规范。

兽医：(1) 坚持“预防为主，防治结合，防重于治”的原则，防止普通病、代谢病、寄生虫病的发生，提高牛场效益和产品质量。(2) 建立兽医药品档案，一般提前一个月上报购药清单，特殊情况（新进牛，疫情）提前3~5 d上报购药清单。(3) 严格执行《兽药管理条例》《饲料和饲料添加剂管理条例》等有关规定，不购进违禁兽药和添加剂。(4) 在喂牛过程中，兽医须在牛棚中巡视，查看牛的动静，粪、尿，体温、呼吸等指标情况，发现异常，早报告、早确诊、早治疗。(5) 定期对器械进行消毒，严格规范操作。(6) 不在生产区解剖病尸，制定驱蚊、驱蝇、灭鼠方案。(7) 建立疾病报告制度、病牛档案制度和病牛处理登记制度。

门卫：(1) 8:00 准时上班，看好大门，监督、检查人员、车辆进出场消毒操作。(2) 对持物进出场人员要询问清楚，检验相关手续，做好记录。(3) 负责全场的治安、防火、防盗等安全工作。(4) 上班时间要坚守岗位，不准私自脱岗，不准串岗聊天、睡觉、玩游戏等有碍工作的事情。(5) 拉草料期间必须在职，以确保草料记录精确。

管理人员：工作时间，8:00—12:00，14:00—16:30。

会计：(1) 负责现金、支票、发票的保管工作，要做到收有记录，支有签字。(2) 现金业务要严格按照财务制度和现金管理制度办理。对现金收、支的原始凭证认真稽核，不符合规定的有权拒付。(3) 现金要日清月结，按日逐笔记录现金日记账，并按日核对库存现金，做到记录及时、准确、无误。(4) 支票的签发要严格执行银行支票管理制度，不得签逾期支票、空头支票。对签发的支票必须填写用途、限额，除特殊情况需填写收款人。应定期监督支票的收回情况。(5) 办理其他银行业务要核对发票金额是否正确、准确，并经领导批准后签发，不得随意办理汇款。(6) 收付现金双方必须当面点清，防止发生差错。(7) 对库存现金要严格按限额留用，不得超出限额。妥善保管现金、支票、发票，不得丢失。(8) 杜绝白条抵库，发现问题及时汇报领导。(9) 按期与银行对账，按月编制银行存款余额调节表，随时处理未达账项。(10) 对领导交与的其他事务按规定办理。

奖罚：(1) 违反上述任意一条，扣1分（1分=10元）。(2) 牛场所有人员上班期间必须签到，如有急事需要向分区管理员请假。全勤者（一月之内没请过假）奖励50元。饲养员总管理员及饲料组管理员应公平公正记录各成员的考勤情况，如有不实罚管理员100元。(3) 如牛场发生丢牛事故，根据情况，追究相关人员（场长、值班人员）责任。(4) 遇到休息时间加班，另发放加班费。(5) 所有牛场人员，工作时间不能及时到达必须请假，不能找家人代替，牛场另安排人员上班，并扣除其当天工资给予替工人员。（6）牛场人员连续多次违反规定，屡次批评教育不改正，予以开除。

【任务实施】

牛场人员配置及管理方案

1. 目的要求

掌握牛场人员配置和制定管理方案的方法。

2. 材料准备

白纸、笔、电脑等。

3. 操作步骤

现有一个千头奶牛养殖场，需要招聘哪些人员，如何进行管理。

将学生分组，每组 5~8 人并选，组长负责本组操作分工。小组成员通过网络、书籍等查询资料，根据所学知识，写出牛场人员配置及管理方案。组长进行资料汇总，小组讨论修正后汇报。

4. 学习效果评价

序号	评价内容	评价标准	分数	评价方式
1	合作意识	有团队合作精神，积极与小组成员协作，共同完成学习任务	10	小组自评 20% 组间互评 30% 教师评价 30% 企业评价 20%
2	方案制定	人员配置合理，管理方案科学	40	
3	沟通精神	成员之间能沟通解决问题的思路	30	
4	记录与总结	完成任务，记录详细、清晰	20	
合计			100	100%

【任务反思】

1. 牛场需要哪些人员？
2. 如何管理牛场？

任务三 牛场的财务管理

【任务目标】

知识目标：1. 了解养牛业的生物资产核算。

2. 了解按生产管理流程发生业务和按设置的会计科目的账务处理方法。

技能目标：能处理牛场的账务。

【任务准备】

一、养牛业生物资产核算的概述

现在，大型奶牛和肉牛养殖业一般规模都较大，现代化程度都较高。从养牛业的资产看，牛是有生命的重要的生物资产，决定牛场的效益，是牛场的命根子。所以，搞好养牛业生物资产的核算相当重要。

1. 核算对象

养牛业的生物资产主要包括奶牛、肉牛、使役牛及其他特殊牛等。养牛业生物资产核算的牛的种类主要指奶牛和肉牛。

为便于管理和核算，要划分养牛业的群别：①基本牛群，包括产母牛、种公牛；②犊牛群，指出生后到6个月断乳的牛群，又称为6月龄以内犊牛；③幼牛群，指6个月后断乳的牛群，又称为6月龄以上幼牛，包括育肥牛等。

要根据生产管理的需要划分养牛业的群别，也可以按生产周期、批次划分。

2. 科目设置

为了核算养牛业生物资产的有关业务，应设置主要科目，主要科目名称和核算内容如下。

(1)“生产性生物资产”科目

本科目核算养牛企业持有的生产性生物资产的原价，即基本牛群，包括产母牛和种公牛，以及待产的成龄母牛的原价。

本科目可按“未成熟生产性生物资产—待产的成龄母牛群”和“成熟生产性生物资产—产母牛和种公牛群”进行明细核算；也可以根据责任制管理的要求，按所属责任单位（人）等进行明细核算。

（2）“消耗性生物资产”科目

本科目核算养牛企业持有的消耗性生物资产的实际成本，即犊牛群、幼牛群的实际成本。

本科目可按牛的消耗性生物资产的种类（奶牛和肉牛等）和群别等进行明细核算；也可以根据责任制管理的要求，按所属责任单位（人）等进行明细核算。

（3）“养牛业生产成本”科目

本科目核算养牛企业养牛生产发生的各项生产成本，包括：①为生产牛奶的产母牛和种公牛、待产的成龄母牛的饲养费用，由牛奶承担各项生产成本；②为生产肉用犊牛的产母牛和种公牛、待产的成龄母牛的饲养费用，肉用犊牛承担的各项生产成本；③幼牛群的饲养费用，幼牛群承担的各项生产成本。

本科目分别按养牛业确定成本核算对象和成本项目进行费用的归集和分配。

3. 其他相关科目

涉及以上主要科目的相关科目有：①产母牛、种公牛、待产的成龄母牛需要折旧摊销的，可以单独设置“生产性生物资产累计折旧”科目，比照“固定资产累计折旧”科目进行处理。②生产性生物资产发生减值的，可以单独设置“生产性生物资产减值准备”科目，比照“固定资产减值准备”科目进行处理。③消耗性生物资产发生减值的，可以单独设置“消耗性生物资产跌价准备”科目，比照“存货跌价准备”科目进行处理。④制造费用（共同费用）和辅助生产成本的核算，这些要按企业生产管理情况确定，比照“制造费用”和“辅助生产成本”科目进行处理。上述涉及生物资产相关科目的核算，不再过多叙述。

二、按生产管理流程发生业务的账务处理方法

以养奶牛为例，讲解按生产流程发生的正常典型业务的账务处理，归纳为如下5大类20项业务事例。非典型特殊会计业务事例和副产品等业务事例，本节不再叙述。本节也不包括房屋和设备等建设工程业务的核算。

1. 奶牛的饲养准备阶段的核算

包括发生购买饲料、防疫药品、产母牛、种公牛、待产的成龄母牛等业务的核算。

例1：银行和现金支付购入饲料款，包括饲料的购买价款、相关税费、运输费、装卸费、保险费及其他可归属于饲料采购成本的费用。会计分录如下。

借：原材料—××饲料

贷：银行存款

贷：库存现金

例 2：现金支付药品款，包括药品购买价款和其他可归属于药品采购成本的费用。会计分录如下。

借：原材料—××药品

贷：库存现金

例 3：银行和部分现金支付购入幼牛款，按应计入“消耗性生物资产”成本的金额，包括购买价款、相关税费、运输费、保险费及可直接归属于购买幼牛该项资产的其他支出。会计分录如下。

借：消耗性生物资产—幼牛群

贷：银行存款

贷：库存现金

例 4：银行和部分现金支付购入产母牛和种公牛、待产的成龄母牛款，按应计入“生产性生物资产”成本的金额，包括购买价款、相关税费、运输费、保险费以及可直接归属于购买产母牛和种公牛、待产的成龄母牛该项资产的其他支出。会计分录如下。

借：生产性生物资产—基本牛群

贷：银行存款

贷：库存现金

2. 幼牛饲养的核算

包括直接使用的人工、直接消耗的饲料和直接消耗的药品等业务的核算。属于养牛共用的水、电、气和有关共同用人工及其他共同开支，应在“养牛业生产成本—共同费用”科目核算，借记“养牛业生产成本—共同费用”科目，贷记“银行存款”等科目，而后分摊。属于公司管理方面的人工和有关费用，应在“管理费用”科目核算，借记“管理费用”科目，贷记“库存现金”“银行存款”等科目。

例 5：养幼牛直接使用的人工，按工资表分配数额计算。会计分录如下。

借：养牛业生产成本—幼牛群

贷：应付职工薪酬

例 6：养幼牛直接消耗的饲料，按报表饲料投入数额或者按盘点饲料投入数额计算。会计分录如下。

借：养牛业生产成本—幼牛群

贷：原材料—××饲料

例 7：养幼牛直接消耗的药品，按报表药品投入数额或者按盘点药品投入数额计算。会计分录如下。

借：养牛业生产成本—幼牛群

贷：原材料—××药品

3. 牛的转群的核算

指牛群达到预定生产经营目的，进入又一正常生产期，包括犊牛群成本的结转、犊牛群转为幼牛群、幼牛群转为基本牛群、淘汰的基本牛群转为育肥牛（幼牛群）的核算。

例 8：幼牛群转为基本牛群，先结转幼牛群的全部成本，包括幼牛群转前发生的通过“养牛业生产成本—幼牛群”科目核算的饲料费、人工费和应分摊的间接费用等必要支出。会计分录如下。

借：消耗性生物资产—幼牛群

贷：养牛业生产成本—幼牛群

例 9：幼牛群转为基本牛群，按幼牛群的账面价值结转，包括原全部购买价值和结转的饲养过程的全部成本。会计分录如下。

借：生产性生物资产—基本牛群

贷：消耗性生物资产—幼牛群

例 10：淘汰的产母牛（基本牛群）转为育肥牛，按淘汰的基本牛群的账面价值结转。会计分录如下。

借：消耗性生物资产—幼牛群（包括育肥牛）

贷：生产性生物资产—基本牛群

例 11：犊牛群转为幼牛群，先结转犊牛群的全部成本，包括犊牛群转前发生的通过“养牛业生产成本—基本牛群”科目核算的饲料费、人工费和应分摊的间接费用等必要支出。会计分录如下。

借：消耗性生物资产—犊牛群

贷：养牛业生产成本—基本牛群

例 12：犊牛群转为幼牛群，按犊牛群的账面价值结转。会计分录如下。

借：消耗性生物资产—幼牛群

贷：消耗性生物资产—犊牛群

4. 产母牛（基本牛群）饲养费用的核算

包括产母牛和种公牛、待产的成龄母牛的全部饲养费用，全部由牛奶和犊牛

（联产品）承担，不再构成产母牛（基本牛群）的自身价值。牛奶产品成本，应通过“养牛业生产成本—牛奶”科目核算。牛奶和牛犊的关联产品成本按规定方法进行分配，本节不再详细叙述方法。

例13：产母牛的饲养费用，按实际消耗数额结转。会计分录如下。

借：养牛业生产成本—牛奶

贷：应付职工薪酬

贷：原材料—××饲料

贷：原材料—××药品

贷：养牛业生产成本—共同费用

例14：牛奶成品入库，结转牛奶成本。会计分录如下。

借：库存商品（产品）—牛奶

贷：养牛业生产成本—牛奶

5. 牛（生物资产）和牛奶（产品）出售的核算

包括犊牛、幼牛出售，牛奶出售的核算和淘汰产母牛（基本牛群）出售的核算。幼牛出售前在账上作为消耗性生物资产，淘汰产母牛（基本牛群）出售前在账上作为生产性生物资产，这两种因出售交易而可视同产成品出售对待。

例15：幼牛和育肥牛出售的核算，按银行实际收到的金额结算。会计分录如下。

借：银行存款

贷：主营业务收入—幼牛（育肥牛）

例16：同时，按幼牛（育肥牛）账面价值结转成本。会计分录如下。

借：主营业务成本—幼牛（育肥牛）

贷：消耗性生物资产—幼牛（育肥牛）

例17：牛奶出售的核算，按银行和部分现金实际收到的金额结算。会计分录如下。

借：银行存款

借：库存现金

贷：主营业务收入—牛奶

例18：同时，按牛奶账面价值结转成本。会计分录如下。

借：主营业务成本—牛奶

贷：库存商品（农产品）—牛奶

例19：淘汰产母牛（基本牛群）正常出售的核算，按银行实际收到的金额结算。会计分录如下。

借：银行存款

贷：主营业务收入—产母牛（基本牛群）

例 20：同时，按产母牛（基本牛群）账面价值结转成本。会计分录如下。

借：主营业务成本—产母牛（基本牛群）

贷：生产性生物资产—基本牛群

三、按设置的会计科目的账务处理方法

根据新《企业会计准则—应用指南》的附录《会计科目和主要账务处理》涉及生物资产会计科目的账务处理，主要是“生产性生物资产”“消耗性生物资产”“养牛业生产成本”三个科目账务处理的方法。其中，对附录《会计科目和主要账务处理》中不符合实际情况的规定，应予以纠正，并特别加以说明。

1. “生产性生物资产”科目的账务处理

养牛业生产性生物资产的核算，主要是对基本牛群，包括产母牛和种公牛、待产的成龄母牛的原价进行核算。其主要业务核算的账务处理方法如下。

例 21：企业外购成龄产母牛，按应计入生产性生物资产成本的金额，包括购买价款、相关税费、运输费、保险费以及可直接归属于购买该资产的其他支出。和例 4 会计分录类型相同，会计分录如下。

借：生产性生物资产—基本牛群

贷：银行存款

贷：库存现金

例 22：幼牛转为产母牛，应按其账面价值计算，和例 9 会计分录类型相同，会计分录如下。

借：生产性生物资产—基本牛群

贷：消耗性生物资产—幼牛群

已计提跌价准备的，还应同时结转跌价准备。

例 23：产母牛淘汰转为育肥牛，按转群时的账面价值计算。和例 10 会计分录类型相同，会计分录如下。

借：消耗性生物资产—幼牛群（育肥牛）

贷：生产性生物资产—基本牛群

已计提的累计折旧，借记“生产性生物资产累计折旧”科目；按已计提减值准备的，还应同时结转减值准备。

例 24：待产的成龄母牛，达到预定生产经营目的后发生的管护、饲养费用等后续支出，全部由牛奶（牛犊）产品承担，按实际消耗数额结转，在“养牛业生产成本—牛奶”科目核算，和例 13 会计分录类型相同，会计分录如下。

借：养牛业生产成本—牛奶

贷：应付职工薪酬

贷：原材料—××饲料

贷：原材料—××药品

贷：养牛业生产成本—共同费用

说明：会计准则附录的主要账务处理规定，生产性生物资产达到预定生产经营目的后发生的管护、饲养费用等后续支出，借记“管理费用”科目，贷记“银行存款”等科目。这样处理不符合实际情况，应该纠正。

例 25：处置生产性生物资产的产母牛（基本牛群），应按实际收到的金额计算。会计分录如下。

借：银行存款

借：营业外支出—处置非流动资产损失（负差额）

贷：生产性生物资产—基本牛群

或者，

借：银行存款

贷：生产性生物资产—基本牛群

贷：营业外支出—处置非流动资产利得（正差额）

按已计提的累计折旧，借记“生产性生物资产累计折旧”科目；已计提减值准备的，还应同时结转减值准备。

例 26：属于生产性生物资产的特殊“处置”。如果产母牛的基本牛群（生产性生物资产）淘汰正常出售，其会计分录和例 19、例 20 会计分录属于相同类型。

2.“消耗性生物资产”科目的账务处理。养牛业消耗性生物资产的核算，主要是对幼牛群（育肥牛）进行核算。其主要业务核算的账务处理方法如下。

例 27：外购的幼牛和育肥牛（消耗性生物资产），按应计入消耗性生物资产成本的金额计算，和例 3 会计分录类型相同。会计分录如下。

借：消耗性生物资产—幼牛群（育肥牛）

贷：银行存款、应付账款、应付票据等

例 28：自行繁殖的幼牛群（育肥牛），应按出售前发生的必要支出计算，和例

8 会计分录类型相同。会计分录如下。

借：消耗性生物资产—幼牛群（育肥牛）

贷：养牛业生产成本—幼牛群（育肥牛）

说明：会计准则附录的主要账务处理规定，自行繁殖的育肥畜，应按出售前发生的必要支出，借记本科目（消耗性生物资产），贷记“银行存款”等科目，这样处理不符合实际情况，应该纠正。

例 29：产母牛淘汰转为育肥牛，按转群时的账面价值计算，和例 10、例 23 会计分录类型相同。会计分录如下。

借：消耗性生物资产—幼牛群（育肥牛）

贷：生产性生物资产—基本牛群

已计提的累计折旧，借记“生产性生物资产累计折旧”科目；按已计提减值准备的，还应同时结转减值准备。

例 30：育肥牛转为产母牛，应按其账面价值计算，和例 9、例 2 会计分录类型相同，会计分录如下。

借：生产性生物资产—基本牛群

贷：消耗性生物资产—幼牛群（育肥牛）

已计提跌价准备的，还应同时结转跌价准备。

例 31：生产过程中发生的应归属于幼牛群（育肥牛）等的费用，按应分配的金额计算，和例 8 会计分录类型相同。会计分录如下。

借：消耗性生物资产—幼牛群（育肥牛）

贷：养牛业生产成本—幼牛群（育肥牛）

例 32：出售育肥牛（消耗性生物资产），应按实际收到的金额计算，和例 15、例 16 会计分录类型相同。会计分录如下。

借：银行存款等

贷：主营业务收入—育肥牛

例 33：同时，按其账面余额计算，结转主营业务成本。会计分录如下。

借：主营业务成本—育肥牛

贷：消耗性生物资产—幼牛群（育肥牛）

已计提跌价准备的，还应同时结转跌价准备。

3. “养牛业生产成本”科目的账务处理

“养牛业生产成本”科目核算为饲养产母牛和待产成龄母牛等发生的各项生产

成本，即牛奶和牛犊的生产成本，饲养幼牛和育肥牛发生的各项生产成本。分别对养牛业确定成本核算对象和成本项目，进行费用的归集和分配。其主要业务核算的账务处理方法如下。

例 34：产母牛和待产成龄母牛（生产性生物资产）在产出产品过程中发生的各项费用，按实际消耗数额计算，和例 13 会计分录类型相同。会计分录如下。

借：养牛业生产成本—牛奶（基本牛群）

贷：库存现金、银行存款、原材料、应付职工薪酬等

例 35：生产过程中发生的应由牛奶（产品）、幼牛和育肥牛（消耗性生物资产）、基本牛群（生产性生物资产）共同负担的费用，按实际消耗数额计算。和例 5 关于水、电、汽说明的会计分录类型相同。会计分录如下。

借：养牛业生产成本—共同费用

贷：库存现金、银行存款、原材料、应付职工薪酬等

例 36：期（月）末，可按一定的分配标准对上述共同负担的费用进行分配。和例 13 会计分录类型相同。会计分录如下。

借：养牛业生产成本—牛奶（基本牛群）、幼牛群（育肥牛）

贷：养牛业生产成本—共同费用

例 37：产母牛（生产性生物资产）所生产的牛奶（产品）验收入库时，按其实际成本计算，和例 14 会计分录相同类型。会计分录如下。

借：库存商品（产品）—牛奶

贷：养牛业生产成本—牛奶（产品）

以上讲了养牛业有关生物资产和产品的基本核算方法，掌握并透过养牛业的核算方法，可以理解其基本核算原理，依此类推可运用于其他业界的生物资产有关的核算，包括养鸡业、养鸭业、养鹅业、养猪业、养羊业等。业界不相同，分群不一样，产品核算有差异，但是基本核算原理是一致的，可以举一反三。

4. 生物资产运用“在产品”科目核算的转换问题。

过去为简化牲畜分群周转核算的复杂性，20 世纪 60 年代黑龙江农垦会计人员根据当时的物价等情况，独创了“以生顶死”的混群核算技术方法，得到黑龙江八一农垦大学权威教授的认可，并在垦区推广，后来国家会计制度也做了介绍。

“以生顶死”的混群核算技术方法，就是将各种“畜禽”的饲养费用分别放在“生产成本”科目核算，而“畜禽”的价值分别放在“在产品”科目核算。各种“畜禽”期内出生和死亡周转不纳入账内核算，采取“以生顶死”的办法，期末盘

点实际数量。各种“畜禽”的价值不是按实际成本结转计价，而是根据垦区统一规定的价格和期末盘点实际数量计算，作为“在产品”。并运用公式计算出生产总成本（生产总成本＝生产成本＋期初在产品—期末在产品）。这种账务处理办法，不影响畜牧业分群饲养管理，只是为了简化“畜禽”的核算。

现在，如“畜禽”运用“在产品”科目核算的，应将“在产品”科目转换成为“消耗性生物资产”和“生产性生物资产”两个科目，将“在产品”的数额一分为二，成“消耗性生物资产”和“生产性生物资产”两个数，分别在“消耗性生物资产”和“生产性生物资产”两个科目核算即可。

【任务实施】

牛场按生产管理流程发生业务奶牛饲养准备阶段的核算

1. 目的要求

掌握牛场发生业务的账务处理方法。

2. 材料准备

白纸、笔等。

3. 操作步骤

现有一个牛场，准备饲养奶牛，饲养准备阶段共计 50 万元，请问都需要哪些支出，以及各方面支出多少？

将学生分组，每组 1~3 人，组长负责本组操作分工。小组成员通过网络、书籍等查询资料，根据所学知识，核算奶牛饲养准备阶段的资金。组长进行资料汇总，小组讨论修正后汇报。

4. 学习效果评价

序号	评价内容	评价标准	分数	评价方式
1	合作意识	有团队合作精神，积极与小组成员协作，共同完成学习任务	10	小组自评 20% 组间互评 30% 教师评价 30% 企业评价 20%
2	资金核算	饲养准备全面，资金核算正确、合理	40	
3	沟通精神	成员之间能沟通解决问题的思路	30	
4	记录与总结	完成任务，记录详细、清晰	20	
合计			100	100%

【任务反思】

1. 简述养牛业的生物资产核算。
2. 简述按生产管理流程发生业务和设置的会计科目的牛场账务处理方法。

项目测试

一、单项选择题（将正确的选项填在括号内）

1. 产房内牛床数一般可按成母牛的______设置。(　　)

   A. 5%~9%　　B. 10%~13%　　C. 14%~19%　　D. 5%~20%

2. 干奶期牛的肥瘦是根据预产期前 35 d 的______来划分的。(　　)

   A. 健康状态　　B. 生产性能　　C. 体况评分　　D. 采食情况

3. 牛场场地规划应本着因地制宜和科学饲养管理的原则，合理布局，统筹安排。主要包括牛舍、饲料库与饲料调制室及______。(　　)

   A. 青贮塔（窖）与草料棚　　B. 贮粪场及兽医室

   C. 场部办公室和职工宿舍　　D. 以上都是

4. 根据工作任务和工作流程，设置工作岗位，主要包括饲养人员、技术人员及______。(　　)

   A. 采购及销售人员　　B. 服务人员

   C. 管理人员　　D. 以上都是

5. 为了核算养牛业生物资产有关业务，应设置主要科目。主要科目名称和核算内容有(　　)。

   A. “生产性生物资产”科目　　B. “消耗性生物资产”科目

   C. “养牛业生产成本”科目　　D. 以上都是

6. 牛场业务的账务处理主要包括按生产管理流程发生业务的账务处理方法和按______的账务处理方法。(　　)

   A. 养牛业生物资产　　B. 工作任务

   C. 人员管理流程　　D. 设置的会计科目

二、多项选择题（将正确的选项填在括号内）

1. 对于规模较大的牛群（600 头以上），在牛群结构上可以分为(　　)。

   A. 犊牛群　　B. 后备母牛群

C. 青年母牛群　　D. 生产母牛群

2. 拴系式牛舍建筑形式有哪 3 种。(　　)

A. 钟楼式　　B. 半钟楼式　　C. 双坡式　　D. 散栏式

3. 牛场建设的总体原则。(　　)

A. 因地制宜　　B. 合理布局　　C. 经济适用　　D. 科学规范

4. 根据牛的______将牛分为不同类群。(　　)

A. 经济用途　　B. 生长发育阶段　　C. 生理特点　　D. 健康情况

5. 牛场劳动力组织管理主要包括哪四点。(　　)

A. 人力资源分配　　B. 建立生产责任制

C. 建立规章制度　　D. 制订牛场日常工作日程

6. 为便于管理和核算，要划分养牛业的群别，养牛业主要分为哪三类牛群。(　　)

A. 基本牛群　　B. 犊牛群　　C. 育肥牛群　　D. 幼牛群

三、判断题（正确的在括号里打 A，错误的在括号里打 B）

(　　) 1. 后备母牛群是指 15~24 月龄的牛群。

(　　) 2. 牛场的位置应选在离饲料生产基地、放牧地及工厂较近、交通便利、供电方便的地方，但不要靠近交通要道与住宅区，以利防疫和环境卫生。

(　　) 3. 散养式牛舍的优点是便于实行机械化、自动化，可大大节约劳等；缺点是不易做到个别饲养，并且由于共同使用饲槽和饮水设备，传染疾病的机会较多。

(　　) 4. 建立规章制度，提高员工生产积极性，做到分工明确，责任分明，奖惩兑现，使责、权、利相结合。

(　　) 5. 养牛业生物资产核算的对象主要指承担发生各项生产成本的牛奶、犊牛、幼牛等。

(　　) 6. 养牛业生产性生物资产的核算，主要是对幼牛群（育肥牛）进行核算。

（向世忠　陈煜）

项目六　牛产品加工与营销

项目导入

在小镇上开了一家餐馆的李老板，一直在寻找更优质的食材来提升他的菜品质量。他了解到当地的肉牛屠宰场可以提供优质的牛肉，于是他决定去参观这个屠宰场，了解他们的屠宰过程和牛肉的品质。李老板到达屠宰场后，看到了一排排整齐的肉牛，每头牛都显得很安静，似乎知道自己即将面临的事情。他观察了宰前检疫和管理的过程，包括对牛的健康状况进行检查，确定是否符合屠宰的标准。他还了解了宰前饲养管理和禁食的要求，以保证牛在屠宰前保持良好的状态。接着，李老板参观了屠宰的各个环节，看到工人们熟练地操作和遵守严格的卫生要求，感到非常满意。同时，他也看到了肉牛屠宰场的严谨和规范，感受到了工人们对工作的敬业和对食材的尊重。他相信在这样的地方可以获得高质量的牛肉，于是他决定与这个屠宰场建立长期的合作关系，为他的餐馆提供优质的食材。

任务一　屠宰与分割

【任务目标】

知识目标：1. 掌握肉牛屠宰的流程和工艺。

2. 了解牛胴体的等级评定方法和指标。

3. 熟悉牛肉分割的方法和各种牛肉的名称。

4. 了解肉牛宰前检疫和管理要求。

5. 掌握肉牛屠宰的卫生和安全要求。

技能目标：1. 能够根据肉牛屠宰流程进行正确的操作。

2. 能够根据牛胴体的等级评定方法和指标进行准确地评定。

3. 能够熟练地识别牛胴体分割成的不同肉块。

4. 能够按照卫生和安全要求进行肉牛屠宰操作。

【任务准备】

一、肉牛的屠宰

（一）宰前检疫与管理

牛屠宰前要进行严格的兽医卫生检疫，一般要测量体温和视检皮肤、口鼻、蹄、肛门、阴道等部位，确定没有传染病方可屠宰。

1. 检疫对象

口蹄疫、牛传染性胸膜肺炎、牛海绵状脑病、布鲁菌病、牛结核性病、炭疽、牛传染性鼻气管炎、日本血吸虫病等。

2. 检疫合格标准

入场（厂、点）时，具备有效的《动物检疫合格证明》，畜禽标识符合国家规定；无规定的传染病和寄生虫病；需要进行实验室疫病检测的，检测结果合格。

3. 宰前检查

待宰的牛在宰前应停食静养 12~24 h，宰前 3 h 停止饮水。宰前检验包括验收检验、待宰检验和送宰检验，应采用看、听、摸、检等方法。牛送宰前进行全体体温检测（牛的正常体温是 37~39℃），官方兽医应按照《反刍动物产地检疫规程》中“临床检查”部分实施检查，合格的准予屠宰；不合格的按照《动物防疫法》《重大动物疫情应急条例》《动物疫情报告管理办法》和《病害动物和病害动物产品生物安全处理规程》等有关规定处理；死畜不得屠宰，应送非食品处理间处理。

4. 同步检疫

与屠宰操作相对应，对同一头牛的头、蹄、内脏、胴体等统一编号进行检疫，合格的，由官方兽医出具《动物检疫合格证明》，加盖检疫验讫印章，对分割包装的肉品施加检疫标志。检查主要分为：头蹄部检查、蹄部检查、胴体检查、淋巴结检查、内脏（心脏、肺脏、肝脏、肾脏、脾脏、胃、肠、子宫和睾丸）检查。

5. 检疫记录

官方兽医应指导监督屠宰场（厂、点）做好待宰、急宰、生物安全处理等环节的记录，同时应做好入场监督查验、检疫申报、宰前检查、同步检疫等环节的记录；检疫记录应保存10年以上。

（二）宰前饲养管理

牛在运输至屠宰场后，应安排一段候宰时间。此间的饲养管理，对屠宰后肉品的质量也是很重要的。

1. 候宰时间

活牛运达候宰地点后，运输生产的应急刺激和运输疲劳尚在延续，畜禽体质比较弱，因此，候宰期不同来源的畜禽不宜接触，以免感染疾病。候宰时间一般为2~7 d，最多不超过10 d，利用此有限的候宰时间，采取合理的饲养管理措施，可使运输疲劳得以最大限度地消除，使运输消耗的肌糖原得到适当补充。

2. 宰前饲养

活牛运到屠宰场经官方兽医检验后，应分圈分群饲养，对育肥良好的牛，饲喂量以能恢复途中损失为度；对瘦弱的可采取短期育肥饲养，以迅速增重和改善肉质。

（1）供给充足的饮水。运输途中受损失最大的是水分。在候宰牛的饲养管理过程中，首先应供给充足的清洁饮水。

（2）经过长途运输的牛，各项生理机能均处于不正常状态。饲喂时要注意：一是选择易消化吸收的饲料；二是先水后料；三是先少后多，勤添少喂，以青干草为宜。

3. 宰前禁食

候宰牛饲养管理的最后环节是宰前禁食。牛在屠宰前24 h禁食，宰前2~4 h停止喂水。牛在屠宰前还要充分冲洗淋浴，除去体表污物。禁食时间过长，可造成不必要的额外消耗；禁食时间过短，起不到禁食作用，加大屠宰操作负担。但禁食期间仍供应饮水，以有利于宰杀时的充分放血。

（三）屠宰工艺

屠宰是将活牛可食组织转化为肉品的过程，一般包括致昏、刺杀放血、煺毛或剥皮、开腔取脏和冲洗整理等过程。

1. 送宰

检验员收到准宰通知单后，发现伤残或者疑似患病的牛，要做好标识或者记录好流水号。屠宰顺序应以“先入栏先屠宰”为原则。在赶牛过程中严禁使用棍棒等硬器击打牛。

2. 击晕

使牛暂时失去知觉，以免牛神经受到刺激而引起血管收缩，血液剧烈流入肌肉内，致使放血不完全，从而降低牛肉的质量。击晕还可以减轻人工劳动，保持环境的安静和人的安全击晕方法主要有以下两种。

（1）机械击晕法可分为锤击法、刺项法等。采用锤子猛击前额部的两眼与两角的对角线交叉处，使其暂时失去知觉，此法要有经验，有熟练的技巧，否则达不到击晕的目的，活牛乱动易造成危险。

（2）电击晕法也叫“电麻”，电流通过活牛身体，使神经中枢麻痹而晕倒，其好处是：减小劳动强度，提高生产效率，尤其便于机械化操作。电击晕法使用的麻电器需电压在70~120 V，电击时间一般在30 s；牛击后苏醒需2 min以上，因此有足够时间进行吊挂和刺杀等工序。

3. 套腿提升（挂牛）

将待宰牛在翻板箱中击晕后，立即套腿提升。把提升机降至可挂牛的高度，迅速用套脚锁链套住牛的右后腿胫骨中间部。操作提升机，使拴有牛的提升机缓慢上升，提升时注意不要让钢丝绳盘绕、交叉。当提升的铁钩刚好超过滑道时，即停止上升，等牛体稳定后，迅速下降使滑轮稳稳地落在滑道上。每挂完一头牛迅速将提升机下降，并把套脚链挂到提升的铁钩上，为下一头牛做准备。挂牛用的铁链要清洗消毒后方可再次使用。

4. 放血

将牛滑到放血滑道停止器处，一人固定牛头，左手把住前腿，右手握刀在颈下缘咽喉部切开牛皮放血。放血后拉动滑道停止器，当牛滑至气动开关处时，拉动气动开关，使牛进入放血轨道。

放血刀具应每次消毒，轮换使用。每宰完一头牛刀器具消毒一次，用水浸泡或相当效果的方式进行消毒。放血完全，沥血时间控制在3~5 min。及时清理地面污血，防止交叉污染。割下的缰绳要放到指定的地点，由专人及时清理出生产现场。

5. 电刺激

用手将电刺激触头夹在牛鼻子上进行电刺激。控制电刺激电压70~120 V，刺激时间30 s。手动电刺激操作完毕后，取下电刺激触头，放回原处。电刺激主要是使牛放血充分，促进ATP的消失和pH值的下降。电刺激加快尸僵过程，减少冷收缩，可明显改善肉的嫩度。

6. 去前蹄、牛头

操作工用气动钳在跗关节稍偏下处剪断，直接取下前蹄。或从腕关节处下刀，割断连接关节的结缔组织、韧带及皮肉。割下的前蹄放入指定的容器中，由专人收集起来转运至牛蹄加工间。在牛头颌骨下方的肌肉上，沿着与刀口垂直的方向割开一个刀口，便于牛头割下后手提即可。沿着与放血刀口平行的方向下刀，将牛头背侧与脖肉相连的肌肉割开，露出枕骨和寰椎（第一颈椎）相连接处，将枕骨和寰椎分离开，一手从刀口处抓牢牛头，一手割断牛头背部肌肉与脖肉的连接。将牛头放在操作台上，沿下颌骨内侧贴骨下刀，把舌与下颌骨的连接割开，使舌垂出头外。用水简单冲洗牛头，主要将牛舌表面的血污等冲洗干净。每次完成操作后必须对屠宰刀用82℃水消毒，时间不少于5 s，用温水洗手、冲洗围裙和操作案台。

7. 转挂、去后蹄、后腿剥皮

沿后腿内侧线向左右两侧剥离趾关节到尾根部牛皮。用屠宰刀在跗部后侧开始向上挑过夹裆至生殖器（或乳房）处，将右后腿剥皮，剥皮至膝关节上周围肌肉（米龙）全部暴露为止，并在跟结节之上，胫骨与跟腱之间戳孔便于换钩。从趾关节下刀，刀刃沿后腿内侧中线向上挑开牛皮。要求皮上无刀伤，不伤及腿部肉。用屠宰刀在左后腿跗部后侧由下向上挑开，挑到后腿夹裆至生殖器（乳房）处，并对左后腿进行剥皮，从下至膝关节上周围肌肉全部暴露为止。沿牛尾根部近臀部一面中线，将皮挑开与腿部预剥皮线相交，然后剥开腿的后侧皮，顺势向下剥至臀部尾根处，腹部外侧面肌肉（腹外斜肌）的上部分露出5~10 cm，尾根正下方剥离5~10 cm，以防用剥皮机剥皮时拉坏表层肌肉和腰部脂肪。先把牛腹部的皮从裆部开至胸部，不能伤及牛皮、胴体、牛睾丸（牛宝）。

剥皮时注意把皮与肉之间的黏膜带到肉上，将腹部牛皮尽可能深剥，不要让牛皮回卷，以免污染胴体。剥皮操作时，应用手握住牛皮外部用力拉扯以便剥皮。完成的胴体表面应无刀痕、牛毛、粪便等污物，牛皮上不允许有超过牛皮厚度1/3深度的刀伤，胴体上无刀伤。启动提升机配合将套脚链换为两个管轨滚轮吊钩或胴体钩。使用吊钩时要求平稳钩住左右两后腿的趾关节处；使用胴体钩时，先将右腿由内向外钩住，提升挂到轨道上，再将另一挂钩同样由内向外钩住左腿钩落到轨道上。将牛提升至合适高度，以备后续去后蹄工序的操作。推动胴体钩使牛滑向下一工位。将套链送入回钩线。

去后蹄：用牛角钳在跗关节处剪断，取下牛蹄或用刀从趾关节下刀，割断连接关节的结缔组织、韧带及皮肉，割下后蹄，放入指定的容器中。用吊钩钩住右后附部结节，戳孔处挂于主生产线轨道上。然后将左后腿上的锁链解开，使屠体由沥血轨道转入主生产线轨道。

8. 肛门结扎、剥皮

根据日屠宰计划，领取相应量的肛门结扎塑料袋。左手套上结扎塑料袋，用食指、中指伸入肛门后与大拇指一起撮住肛门边缘。右手握刀在肛门四周划开相连的组织，将直肠剥离屠体。最后用塑料袋充分套住肛门，使塑料袋口夹紧肛门，再将肛门放入腹腔。剥牛尾皮，左手握住牛尾，右手用刀从尾尖沿牛尾中线将皮挑开至尾根。沿肛门四周将与牛皮连接的组织剥离开。

9. 胸部剥皮和取牛宝或乳房

牛腹、胸左侧预剥皮：先用屠宰刀沿胸腹部中线划开胸腹皮，再用气动剥皮刀将左侧胸腹部皮剥开，由上向下、由外向里剥至距背腹中线处。腹、胸右侧预剥皮：用气动剥皮刀将右侧胸腹部皮剥开，由上向下、由外向里剥至距背腹中线处，同时用屠宰刀将胸部肌肉从中线划开，为劈胸做准备。肩部外侧肌肉要露出5~10 cm，防止剥皮机将此块肉扯下。将牛宝或乳腺组织取出，（公牛）沿腹中线生殖器根部挑开表皮到整个生殖器露出来，换刀消毒，割下生殖器；（母牛）沿腹部中线乳房凹陷处将乳房切下，放入指定容器中。

10. 前腿剥皮

从前腿处用刀划开，注意不要伤到前牛腱，检查预剥后胸腹部胴体表面、前腿是否存在粪污、牛毛等污染情况。

11. 人工预剥

按工艺要求执行，剥皮时要求握牛皮的手在剥皮时或剥皮后不允许再接触其他部位，每次剥皮后必须用温水冲洗套袖、围裙及洗手，洗掉污物和牛毛。刀具消毒。

12. 剥皮，取肩部淋巴油

该工序由两人共同完成，通过机械转动和链条拉动进行剥皮。牛到位后，两人迅速将前腿保定，然后将升降台升迁至合适的工作高度。用锁链锁紧牛后腿皮，使其毛朝外。左侧操作工（控制台）用左手控制扯皮机由上而下运动，将牛皮卷撕。注意下降过程中，应使牛皮与胴体保持45°，要求皮上不带脂肪和肉，肉不带皮，皮张完整无刀伤。至牛尾时应放慢速度，用刀划开牛尾根部皮与肉的连接，防止拉断牛尾。

操作剥皮机时，操作工应时刻观察剥皮情况，发现表皮脂肪随皮揭起或皮张有被扯裂的危险时，应及时进刀，辅助机器剥皮，划开背部脂肪和皮与肉之间的黏膜，同时不能在牛皮上划出刀伤。左侧操作工控制滚筒逆时针反向转动，使牛皮自动脱离滚筒落入车内。扯皮机复位，洗手、刀具消毒。右侧工人在左侧工人控制脱皮时，下升降台迅速将前腿固定链松开。两人在每完成一头牛后，在前腿保定处等候下一头牛。操作时一定要按照由上至下，由外向里的顺序进行。如有需要抓住牛皮，握牛皮的手一定要将牛皮向外翻转，以防止牛皮外部污染已剥皮的屠体表面。保证牛皮边剥边脱落，握牛皮的手操作时不要触及胴体。沿肩部两侧取出肩部淋巴油，要求取得干净，以防污染辣椒条。

13. 开胸

从胸软骨处下刀，沿胸骨中线划开胸部肌肉至颈部。将劈胸锯锯头放到胸软骨处，沿胸骨中间把胸骨锯开。沿颈部中线，将颈部肌肉向下割开至放血刀口处，再将食管、气管与颈部连接处分开，最后将气管和食管及周围的结缔组织分开。锯口要平直，深度适宜，不允许将白内脏划破。每次完成操作后必须对屠宰刀用82℃水消毒，时间不少于5 s，用温水洗手、冲洗围裙和劈胸锯。

14. 取白内脏

（1）割腹肌：沿胸腹中线，割开后部腹肌之后，反手握刀，刀刃朝下，划开腹肌。操作者在划开肛门及腹腔时，要求控制进刀深度，不要划破或伤及内脏。

（2）割离肠系膜：左手拉住直肠头，向下分离开肠四周的系膜组织，使之割离腹腔。

（3）割结缔组织：手伸入腹腔肠胃两旁及后方，用刀割开相连组织，使胃连同脾、肝与腹腔分离。取出肝脏，将牛肾及包裹油脂取出，小心取出白内脏，在食管下部割开食管，使白内脏脱离腹腔落入白内脏通道。在白内脏传送线上及时对白内脏按《肉品卫生检验试行规程》的规定进行宰后检验检疫。取白内脏过程中要小心操作，以免划破白内脏，对胴体造成污染。下刀时不得伤及里脊、肾脏和其他部位。

15. 取红内脏

用刀将与红内脏连接的膈肌割开，由肾下方将血管与脊柱分开，然后割开胸与红内脏的连接，将红内脏由开胸处取出。左手用力向下拉出红内脏，用刀把气管两边的肌肉割开，将取下的红内脏挂到红内脏固定钩子上。将心、肺在红内脏检疫处按《肉品卫生检验试行规程》的规定进行检验检疫。气管和心脏完整取下，勿划伤心、肺和胸腔黏膜，取完后冲洗腔内瘀血。

16. 劈半、取牛尾

在荐椎和尾椎连接处割下牛尾，放入指定容器中。将劈半锯插入牛的两腿之间，从趾骨连接处、牛鞭根左侧下锯，从上到下匀速地沿牛的脊柱中线将胴体劈成二分体，要求不能劈斜、断骨，应露出骨髓。

17. 修整

胴体检验按《肉品卫生检验试行规程》的规定进行。同时与红内脏检疫和白脏检疫同步对应，发现疑似病牛按无害化操作要求执行。取净盆腔、腹腔的脂肪，注意不能伤及里脊。沿膈肌根部取下膈肌。抽取脊髓单独存放。割下甲状腺，取净脖头脂肪、瘀血肉和其他污物，修去胴体表面的瘀血、污物和浮毛等不洁物，注意保持肌膜和胴体的完整。将板筋头从脖头上挑开，板筋不碎，且板筋头上不带肉。

18. 二分体称重

校秤后，将二分体分别逐一称重。

19. 冲淋

用温水按由上向下的顺序冲洗，特别是牛胴体的胸腔和腹腔内壁，以及锯口、刀口处，冲洗干净胴体上的污血、碎骨、锯末等其他污物。有条件的话可以设置胴体冲淋箱，通过高压喷头对胴体进行冲淋。

20. 胴体预冷（排酸）

胴体入预冷间前库管人员应提前 0.5 h 通知预冷，检查预冷间的卫生、温度、湿度并记录。将预冷间温度降到 2~4℃，推入胴体。胴体之间不允许相互接触，间距不小于 15 cm。要求入库期间预冷间库门的开口宽度，以能通过胴体为宜。胴体放满后，应及时关闭库门。要求库房存放胴体时，尽量减少库门的开关。库管人员应每 4 h 对预冷间温度、湿度和胴体存放问题检查一次，并做好记录。胴体正常预冷时间为 24~48 h。

胴体排酸后出库前，应由库管人员用插入式温度计，检查同批次最后一个胴体的温度。胴体中心温度在 7℃以下方可出库，并做好记录。预冷间使用后，由专人负责预冷间内的卫生清理，用水将地面、墙面冲洗干净，并对地面、墙面和空气进行消毒。

二、牛胴体的处理

（一）牛胴体评定

我国牛肉等级评定标准（GB/T 27643—2011）是以胴体评定为核心，包括活牛的等级评定方法、标准及牛肉的分割标准。在此仅介绍胴体等级的评定方法。

1. 标准中引用的定义

(1) 优质牛肉：肥育牛按规范工艺屠宰、加工，品质达到标准中优二级以上(包括优二级) 的牛肉叫作优质牛肉。

(2) 成熟：成熟是指肌肉达到最大僵直以后，在无氧酵解酶作用下继续发生着一系列生物化学变化，逐渐使僵直的肌肉变得柔软多汁，并获得细致结构和美好滋味的一种生物化学变化过程。

(3) 分割牛肉：按照市场要求将牛胴体分割成不同的肉块。

(4) 生理成熟度：反映牛的年龄。评定时根据胴体脊椎骨（主要是最末三根胸椎）棘突末端软骨的骨化程度来判断，骨化程度越高，牛的年龄越大。

2. 牛胴体的等级评定

(1) 评定指标及方法

胴体冷却后，在充足的光线下，于第 12~13 胸肋间眼肌切面处对下列指标进行评定。

①大理石纹。对照大理石纹图片确定眼肌横切面处的大理石纹等级。共有 4 个等级，分为丰富（1 级）、较丰富（2 级）、一般（3 级）和很少（4 级）。在两级之间设半级，如界于 2 级和 3 级之间则为 2.5 级。

②生理成熟度。根据脊椎骨末端软骨的骨化程度判断生理成熟度，分为 A、B、C、D 和 E 5 个等级，A 级最年轻，E 级在 72 月龄以上，详见表 6-1。同时结合肋骨的形状、眼肌的颜色和质地对生理成熟度作微调。

表 6-1　我国牛胴体不同生理成熟度的骨化程度表

脊椎部位	24 月龄以下(A)	24~36 月龄(B)	36~48 月龄(C)	48~72 月龄(D)	72 月龄以上(E)
荐椎	未愈合	开始愈合	愈合但有轮廓	完全愈合	完全愈合
腰椎	未骨化	一点骨化	部分骨化	近完全骨化	完全骨化
胸椎	未骨化	未骨化	一点骨化	大部分骨化	完全骨化

③颜色。对照肉色等级图片判断眼肌切面处颜色的等级。分为 6 级，1 级最浅，6 级最深，其中 3 级和 4 级为最佳肉色。

④热胴体重。宰后经剥皮及去头、蹄、内脏以后称出热胴体重。

⑤眼肌面积。在第 12~13 胸肋间的眼肌切面处用方格网直接测出眼肌的面积。

⑥背膘厚度。在第 12~13 胸肋间的眼肌切面处，从靠近脊柱一侧算起，在眼肌长度 3/4 处垂直于外表面测量背膘的厚度。

（2）胴体的等级标准

①质量等级。反映肉的品质状况，主要由大理石纹和生理成熟度决定，并参考肉的颜色进行微调。牛胴体质量等级与大理石纹和生理成熟度的关系见表 6-2。

表 6-2 我国牛胴体质量等级和大理石纹与生理成熟度的关系

大理石纹等级	生理成熟度				
	24 月龄以下	24~26 月龄	36~48 月龄	48~72 月龄	72 月龄以上
1	特级	特级	特级	优一级	优二级
1.5	特级	特级	优一级	优一级	优二级
2	特级	优一级	优一级	优二级	优二级
2.5	优一级	优一级	优二级	优二级	普通牛肉
3	优一级	优二级	优二级	普通牛肉	普通牛肉
3.5	优二级	优二级	普通牛肉	普通牛肉	普通牛肉
4	优二级	优二级	普通牛肉	普通牛肉	普通牛肉

注：优二级以上牛肉为优质牛肉；特级和优一级牛肉必须是阉牛和青年公牛；8 岁以上的牛不得评为优质牛肉。

胴体质量等级的具体评定方法是先根据大理石纹和生理成熟度确定等级，然后对照颜色进行调整。当等级由大理石纹和生理成熟度两个指标确定后，若肉的颜色过深或过浅（颜色等级中以 3 级、4 级为最好），则要对原来的等级酌情进行调整，一般来说要在原来等级的基础上降一级。

②产量等级。反映牛胴体中主要切块的出肉率。由胴体重、眼肌面积和背膘度测算出肉率，出肉率越高等级越高。眼肌面积与出肉率成正比，眼肌面积越大，出肉率越高。背膘厚度与出肉率成反比。

（二）牛肉分割

牛胴体的分割方法各国之间有较大的区别。我国试行的牛胴体分割法，将标准的牛胴体二分体分成臀腿肉、腹部肉、腰部肉、胸部肉、肋部肉、肩部肉和前后腿肉 7 个部分（图 6-1），在此基础上进一步分割成 14 块不同的零售肉块（图 6-2）。

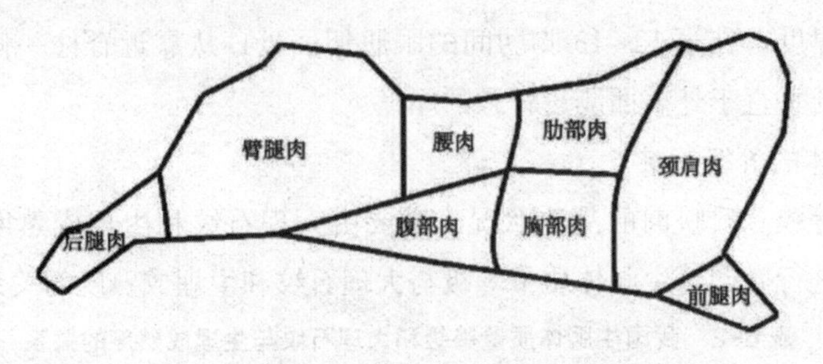

图 6-1 牛肉部位分布

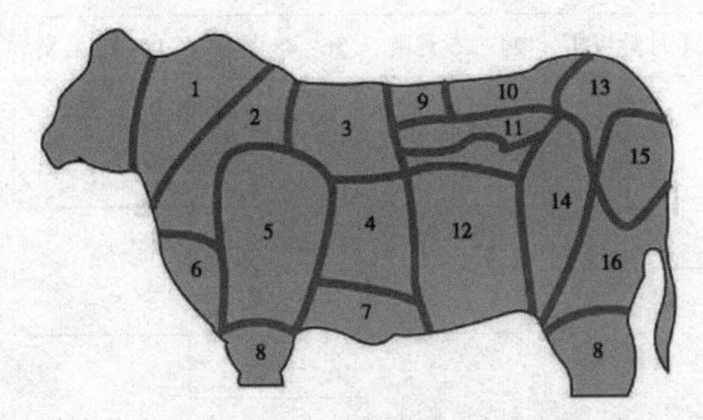

1. 脖肉 2. 颈脖肉 3. 上脑 4. 带骨腹肉 5. 肩肉 6. 前胸肉 7. 后胸肉 8. 腱子肉 9. 眼肉 10. 外脊 11. 里脊 12. 无骨腹肉 13. 臂肉 14. 和尚头 15. 米龙 16. 会瓜条

图 6-2 零售肉块

1. 牛柳

牛柳也叫作里脊，分割时先剥皮去肾脂肪，沿耻骨前下方把里脊剔出，然后由里脊头向里脊尾，逐个剥离腰横突，取下完整的里脊。修整时，必须修净肌膜等疏松结缔组织和脂肪，保持里脊头完整无损。保持肉质新鲜，形态完整。

2. 西冷

西冷也叫作外脊，主要是背最长肌。分割时先沿最后腰椎切下，再沿眼肌腹壁侧（离眼肌 5~8 cm）切下，在第 12~13 胸肋处切断胸椎，最后逐个把胸、腰椎剥离。修整时，必须去掉筋膜、腱膜和全部肌膜。保持肉质新鲜，形态完整。

3. 眼肉

眼肉主要包括背阔肌、肋最长肌、肋间肌等。其一端与外脊相连，另一端在第 5~6 胸椎处，先剥离胸椎，抽出筋腱，然后在眼肌腹侧距离为 8~10 cm 处切下。修整时，必须去掉筋膜、腱膜和全部肌膜。同时，保证正面有一定量的脂肪覆盖。保持肉质新鲜，形态完整。

4. 上脑

主要包括背最长肌、斜方肌等。其一端与眼肉相连，另一端在最后颈椎处。分割时剥离胸椎，去除筋腱，在眼肌腹侧距离为6~8 cm处切下。修整时，必须去掉筋膜、腱膜和全部肌膜。保持肉质新鲜，形态完整。

5. 胸肉

即牛胸部肉，在剑状软骨处，随胸肉的自然走向剥离，取自上部的肉即为牛胸肉。修整时，修掉脂肪、软骨，去掉骨渣，保持肉质新鲜。

6. 肋条肉

肋条肉即肋骨间的肉，沿肋骨逐个剥离出条形肉即是肋条肉。修整时，去净脂肪、骨渣，保持肉质新鲜，形态完整。

7. 臀肉

臀肉也叫尾龙八，主要包括半膜肌、内收肌、股薄肌等。分割时沿半腱肌上端至髋骨结节处，与脊椎平直切断上部的精肉即是臀肉。修整时，去净脂肪、肌膜和疏松结缔组织，保持肉质新鲜，形态完整。

8. 米龙

米龙又叫针扒，包括臀股二头肌和半腱肌，又分为大米龙、小米龙。分割时均沿肌肉块的自然走向剥离。修整时必须去掉脂肪和疏松结缔组织。保持肉质新鲜，形态完整。

9. 膝圆

膝圆又叫霖肉或和尚头，主要是臀股四头肌。当米龙和臀肉取下后，能见到一块长圆形肉块，沿自然筋膜分割，很容易得到一块完整的肉块。修整时，修掉膝盖骨、去掉脂肪及外露的筋腱、筋头、保持肌膜完整无损，保持肉质新鲜，形态完整。

10. 黄瓜条

黄瓜条也叫牛扒，为分割时沿半腱肌上端至髋骨结节处与脊椎平直切断的下部精肉。修整时，去掉脂肪、肌膜、疏松结缔组织和肉夹层筋腱，不得将肉块分解而去除筋腱，保持肉质新鲜，形态完整。

11. 牛腱

牛腱分为牛前腱和牛后腱。牛前腱取自前腿肘关节至腕关节处的精肉，牛后腱取自后腿膝关节至跟腱的精肉。修整时，必须去掉脂肪和暴露的筋腱，保持肉质新鲜，形态完整。

12. 牛腩

分割时，自第10~11肋骨断体处至后腿肌肉前缘直线切下，上沿腰部西冷下缘切开，取其精肉。修整时，必须去掉外露脂肪、淋巴结，保持肉质新鲜，形态完整。

13. 牛前柳

也叫辣角肉，主要是三角肌，分割时沿着眼肉横切面的前端继续向前分割，可得一圆锥形的肉块，即是牛前柳。修整时，必须修掉脂肪、肌膜和疏松结缔组织。保持肉质新鲜，形态完整。

14. 牛前

牛前即颈脖肉，分割时在第12~13肋间，靠背最长肌下缘、直向颈下切开，但不切到底，取其上部精肉。修整时，必须修掉外露血管、淋巴结、软骨及脂肪，保持肉质新鲜，形态完整。

【任务实施】

一、肉牛的屠宰过程观察与记录

通过对肉牛的屠宰过程进行观察和记录，了解肉牛屠宰的基本环节和操作方法，提高学生对肉牛屠宰过程的认知和实践能力。

(一) 材料准备

一头健康的肉牛、屠宰工具（刀、钩、绳等）、实验记录本和笔。

(二) 人员组织

全班同学在老师和班长的带领下按照步骤进行操作。

(三) 操作步骤

1. 宰前检疫与管理

(1) 对肉牛进行健康检查，观察其精神状态、食欲和排泄情况等。

(2) 检查肉牛的产地证明等相关文件，确保合法合规。

(3) 对肉牛进行宰前禁食，保持其空腹状态。

2. 宰前饲养管理

(1) 根据要求，对肉牛进行宰前饲养，观察其饲养环境和饲料情况。

(2) 确保宰前饲养期间，肉牛得到充足的饮水和适当的运动。

3. 屠宰工艺

(1) 将肉牛送至屠宰场地，并进行安全固定。

（2）采用机械击晕法或电击晕法将牛击晕。

（3）将牛四肢捆绑，悬挂起来进行放血。

（4）对牛进行电刺激，促进肌肉松弛和充分放血。

（5）去除前蹄和牛头，进行初步处理。

（6）转挂、去后蹄、后腿剥皮，露出肌肉组织。

（7）进行肛门结扎和剥皮处理，露出内脏。

（8）胸部剥皮并取出牛宝或乳房等内脏器官。

（9）前腿剥皮并处理肩部淋巴油等部位。

（10）开胸取出白内脏和红内脏等器官。

（11）将牛体劈半并取出牛尾等部位。

（12）进行修整处理，去除多余的脂肪和筋膜等。

（13）进行二分体称重，测量体重和肌肉量等指标。

（14）进行冲淋处理，清洗牛体表面的血渍和污垢。

4. 注意事项

（1）在进行宰前检疫和管理时，要严格按照标准和程序进行，确保肉牛的健康状况符合规定。

（2）在进行宰前饲养管理时，要注意观察肉牛的状态，确保其身体健康、精神状态良好。

（3）在进行屠宰工艺操作时，要按照流程和操作要求进行，注意安全和卫生，防止出现意外事故。

（4）在进行肉牛屠宰的过程中，要注意保护刀具等利器，避免伤害自己或他人。

（5）操作结束后，要清洗操作区域和工具，并做好记录和分析，为后续的实验提供参考。

二、牛胴体的处理

通过本次实操，让学生掌握牛胴体的处理方法，熟悉牛肉分割的技巧和要求，理解牛胴体评定的标准及方法。

（一）材料准备

一头牛新鲜的牛胴体、牛肉分割刀、切割工具、实验工作台、砧板等。

（二）操作步骤

1. 观察牛胴体：首先观察牛胴体的外观，了解其体型、肌肉分布等情况。

2. 牛胴体评定：根据标准中引用的定义，评估牛胴体的质量。具体包括优质牛肉、成熟度、分割牛肉等指标。观察牛的年龄，考虑生理成熟度。

3. 牛肉分割：根据市场要求，将牛胴体分割成不同的肉块。注意切割技巧和卫生要求。

4. 记录分析：记录实验过程中的数据和现象，包括牛胴体的外观、评定结果、分割过程等，分析实验结果，得出结论。

5. 注意事项：

（1）保持个人和操作区域的清洁卫生，防止污染牛肉和影响牛肉品质。

（2）在进行牛胴体评定和牛肉分割时，要按照流程和操作要求进行，注意安全和卫生，防止出现意外事故。特别注意切割时的安全防护措施。

（3）注意保护刀具等利器，避免伤害自己或他人。

（4）操作结束后，要及时清洗操作区域和工具，并做好记录和分析，为后续的实验提供参考。

【任务反思】

1. 在肉牛的屠宰过程中，如何确保牛肉的质量和安全？

2. 在牛胴体的处理过程中，如何进行牛肉的分割和评定？

3. 在肉牛屠宰和牛胴体处理中，如何提高操作效率和降低成本？

任务二　冷藏与运输

【任务目标】

知识目标：1. 了解牛肉保鲜的基本原理和方法。

2. 了解牛肉在运输前、运输过程中和到达目的地后的操作规范和注意事项。

技能目标：1. 能够正确使用低温贮藏保鲜、气调保鲜和化学保鲜等方法对牛肉进行保鲜处理。

2. 能够根据运输法规和标准，选择合适的运输方式和工具进行牛肉运输。

3. 能够按照操作规范对牛肉进行正确的装卸、储存和运输，确保牛肉的品质和安全。

【任务准备】

一、牛肉保鲜

牛肉富含蛋白质，且水分含量较高，在贮藏、运输和销售过程中微生物极易生长繁殖而使其腐败变质。为了保证牛肉的安全性、食用性和经济性，许多国家都在研究牛肉的保鲜技术。在实际应用中，应采用综合保鲜技术，发挥保鲜的互补优势，以确保牛肉的品质与安全。

（一）低温贮藏保鲜

牛肉的腐败变质主要是由酶催化和微生物的作用引起。这种作用的强弱与温度密切相关，只要降低牛肉的温度，就可使微生物和酶的作用减弱，阻止或延缓牛肉腐败变质的速度，从而达到长期贮藏保鲜的目的。在肉类保鲜技术中，低温贮藏保鲜乃是最实用、最普及、最经济的技术措施。根据贮藏时的温度高低，又可将低温贮藏保鲜分为冷藏保鲜和冷冻保鲜。

1. 冷藏保鲜

牛肉的冷藏保鲜是先将牛肉冷却到中心温度0～4℃，再在-1～1℃的条件下贮藏保鲜。具体如下：将屠宰后的肉牛胴体吊在轨道上，胴体间保持24 cm的间隔，进入冷却间后，胴体在平行轨道上，应按“品”字形排列。冷却间的温度在牛肉进入前为-1～0.5℃，冷却中的标准温度为0℃，冷却中的最高温度为2～3℃。经48 h后，使后腿部的中心温度达到0～4℃。冷却过程除严格控制温度外，还应控制好湿度和空气流动速度。在冷却开始的1/4时间内，维持相对湿度95%～98%，在后期的3/4时间内，维持相对湿度90%～95%，临近结束时控制在90%左右。空气流速采用0.5 m/s，最大不超过2 m/s。

牛肉的冷藏室温度为-1～1℃，温度波动不得超过0.5℃，进库的升温不得超过3℃。相对湿度为85%～90%，冷风流速为0.1～0.5 m/s。冷藏室的容量标准为牛肉400 kg/m^2。在冷藏条件下，牛肉可贮藏保鲜4～5周，小牛肉可贮藏保鲜1～3周。

2. 冷冻保鲜

牛肉的冻藏保鲜是先将牛肉在-23℃以下的低温进行深度冷冻，使肉中大部分汁液冻结成冰后，再在-18℃左右的温度下贮藏保鲜肉的冻结方法。根据冷却介质的不同，可分为空气冻结法、间接冻结法和直接接触冻结法3种。空气冻结法是以空气作为冷却介质，其特色是经济方便，速度较慢；间接冻结法是把牛肉放在制冷的冷却板、盘、带或其他冷壁上，使牛肉与冷壁接触而冻结；直接接触冻结法是把牛肉与制冷剂直接接触，可采用喷淋或浸渍法，常用的制冷剂是盐水、干冰和液氮。牛肉的冻结最常采用空气冻结法。

我国牛肉冻结一般采用两阶段冷冻法。即牛屠宰后，牛胴体先进行冷却，然后将冷却的牛肉再进行冻结。一般冻结时的温度为-23℃或更低，相对湿度为95%~100%，风速为0.2~0.3 m/s。经20~24 h牛肉深层温度降至-18℃，即完成冻结。冻结以后转入冷库进行长期贮藏保鲜。目前我国冻结的牛肉有两种，一种为牛胴体（四分体），另一种是分割冻牛肉。两种牛肉比较经济合理的冻藏温度为-18℃，相对湿度维持在95%~98%。冷藏室空气流动速度控制在0.25 m/s以下。

（二）气调保鲜

此法是利用调整环境气体成分来延长肉品贮藏寿命和货架期的一种技术。其基本原理是：在一定的封闭体系内，通过各种调节方式得到不同于正常大气组成的调节气体，以此来抑制肉品本身的生理生化作用和抑制微生物的作用。在引起肉类腐败的微生物中，大多数是好氧性的，因而用低氧、高二氧化碳调节气体，可以使得肉类保鲜，延长贮藏期。

1. 充气包装保鲜

在密封性能好的材料中装进食品，然后注入特殊的气体或气体混合物，再进行密封，使其与外界隔绝，抑制微生物生长，抑制酶促腐败，从而达到延长货架期的目的。充气包装所用的气体主要为N_2、CO_2、O_2。O_2性质活泼，容易与其他物质发生氧化作用；N_2惰性强，性质稳定；CO_2对于嗜低温菌有抑制作用。在充气包装中N_2、CO_2必须保持合适比例，才能使肉品质保藏期延长，且各方面均能达到良好状态。欧美大多数以$80\%O_2+20\%CO_2$方式零售包装，可使鲜牛肉的货架期延长到4~6 d。充气包装与真空包装相比，并不会比真空包装货架期长，但会减少产品受压和血水渗出，并使产品保持良好的色泽。

2. 真空包装保鲜

去除包装内部的空气，然后进行密封，使包装袋内的食品与外界隔绝。由于除掉了空气中的氧气，因而抑制并减缓了好氧性微生物的生长，减少蛋白质的降解和脂肪的氧化腐败。真空包装后的鲜牛肉贮藏在0~4℃的条件下，可以使货架期延长21~28 d。

（三）化学保鲜

这是在肉类生产和贮运过程中，使用化学制品来提高肉的贮藏性和尽可能保持它原有品质的一种方法。与其他保鲜方法相比，其具有简便而经济的特点。不过只能在有限的时间内保持肉的品质。因为所用的化学制剂只能推迟微生物的生长，并不能完全阻止它们的生长。化学保鲜中所用的化学制剂，必须符合食品添加剂的一般要求，对人体无毒害作用。目前各国使用的防腐剂已超过50种，但迄今为止，尚未发现一种完全无毒、经济实用、广谱抑菌并适用于各种食品的理想防腐剂。因此，实际应用时，通常配合其他保鲜方法来实现肉质保鲜。

1. 有机酸保鲜

目前使用的化学保鲜剂主要是各种有机酸及其盐类，最常用的有醋酸、丙酸、乙酸、辛酸、乳酸、柠檬酸、山梨酸、苯甲酸、磷酸及其盐类。有机酸的抑菌作用，主要是因为其酸分子能透过细胞膜，进入细胞内部而离解，改变微生物细胞内的电荷分布，导致细胞代谢紊乱而死亡。

2. 天然防腐剂保鲜

天然防腐剂保鲜是指从天然生物中提取的具有防腐作用的食品添加剂，其安全性较高，符合消费者需求，是今后保鲜剂发展的方向。天然防腐剂主要包括乳酸链球菌素、溶菌酶及植物中的抗菌物质等。

二、运输

（一）牛肉运输的基本知识

1. 牛肉运输的定义和重要性

牛肉运输是指将牛肉从屠宰场运输到目的地（如加工厂、销售点等）的过程。这个过程对于牛肉产业来说至关重要，因为运输过程中的不当操作可能导致肉质下降、安全隐患增加，从而影响整个产业的经济效益和社会声誉。

2. 牛肉运输的法规和标准

为了保障肉与肉制品在商业物流过程中的质量和安全，国家标准 WB/T 1059—2016《肉与肉制品冷链物流作业规范》规定了肉与肉制品的物流流程、品质要求、包装与标志、运输和贮藏及配送、销售和召回的技术要求，适用于肉与肉制品商业物流的各环节。牛肉运输企业必须严格遵守标准和相关法律法规，否则将面临处罚等风险。

3. 牛肉运输的方式和工具

根据运输距离和目的地的不同，牛肉运输可以采用不同的方式和工具。常见的运输方式包括陆运、海运和空运。陆运主要是通过卡车、火车等交通工具进行长距离运输；海运则主要是通过货船进行跨海运输；空运则主要是通过货机进行长距离、紧急情况的运输。在选择运输方式和工具时，需要考虑牛肉的品质、目的地距离、运输时间等多个因素。

（二）牛肉运输前的准备

1. 确定运输方式和路线

在决定牛肉的运输方式前，需要考虑多种因素，例如牛肉的种类、数量，运输距离，交通状况，运输成本等。根据这些因素选择最合适的运输方式，可以是陆运、海运或空运。同时，需要确定最合理的运输路线，以减少运输时间和成本。

2. 办理相关手续和文件

根据国家和地区的规定，可能需要办理特定的手续和文件才能进行牛肉运输。这些手续和文件可能包括动物检疫证明、食品卫生许可证、特殊物品运输许可证等，务必提前了解并完成这些手续和文件的办理。

（三）牛肉在运输过程中的操作规范

1. 冷藏和冷冻：牛肉需要在低温下保存，以防止腐败。因此，需要使用冷藏车或带有冷冻设备的车辆进行运输，同时要确保运输过程中温度保持在0~4℃。

2. 包装：将牛肉分装到清洁、卫生的包装容器中，防止污染。每个包装容器上都要标明品名、重量、生产日期和保质期等信息。

3. 避免挤压：在装卸和运输过程中，要避免牛肉受到挤压，以免影响品质。

4. 保持湿润：在长时间的运输过程中，要保持牛肉的湿润，以防止脱水。可以采取在包装容器中加入适量的水分或保持空气湿度等方式。

5. 通风：在运输过程中，要保证车厢内空气流通，以防止温度过高导致牛肉变质。

6. 定时检查：在运输过程中，要定时检查牛肉的状态和温度，如有异常要及时处理。

7. 卫生：在运输过程中，要保持车辆和包装容器的卫生，避免污染牛肉。同时，工作人员的手部和工具也要保持清洁。

总之，在运输牛肉时需要进行充分的准备，确保牛肉的品质和安全。

（四）牛肉到达目的地后

当牛肉运输到目的地后，需要进行以下操作。

1. 卸货：将牛肉从运输车辆上卸下，并存放在指定的位置。

2. 检查：检查牛肉的数量、品相和包装是否符合要求。如有问题，需要及时处理。

3. 储存：将牛肉存放在指定的储存设施中，保持低温、通风和卫生。

4. 销售或加工：根据市场需求，将牛肉进行销售或加工处理。

在卸货、检查、储存和销售或加工过程中，要保持卫生和安全，避免污染和交叉污染。同时，要遵守相关法律法规和标准，确保食品安全和质量。

【任务实施】

牛肉保鲜

通过操作，让学生掌握牛肉保鲜的基本方法，包括低温贮藏保鲜、气调保鲜和化学保鲜等，并了解不同保鲜方法的适用性和优缺点。

（一）材料准备

牛肉、冷藏设备、气调包装袋、有机酸、天然防腐剂等。

（三）人员组织

将学生分组，每组 5～10 人并选出组长，操作分工，各组分别按照步骤进行操作。

（三）操作步骤

1. 冷藏保鲜

将牛肉切成小块，分别放入冷藏室和冷冻室内，记录其保存时间和品质变化。

2. 气调保鲜

将牛肉放入气调包装袋中，充入不同比例的氧气和二氧化碳，观察其保存时间和品质变化。

3. 化学保鲜

将牛肉浸泡在有机酸和天然防腐剂中，观察其保存时间和品质变化。

4. 注意事项

（1）在操作过程中要注意卫生和安全，避免污染和交叉污染。

（2）操作过程中要不断记录数据和观察品质变化，以便更好地掌握不同保鲜方法的适用性和优缺点。

（3）操作结束后，要对结果进行分析和总结，加深对牛肉保鲜方法的理解。

（4）在实际应用中，要根据具体情况选择合适的保鲜方法，并进行合理的操作和使用。

不同方法保存牛肉的时间及品质记录如下。

	8 h	12 h	24 h	2 d	3 d	4 d	5 d	6 d
冷藏保鲜								
气调保鲜								
化学保鲜								

【任务反思】

1. 三种牛肉保鲜方法分别有哪些优缺点？
2. 牛肉运输过程中的注意事项有哪些？

任务三　牛产品加工

【任务目标】

知识目标：1. 了解牛肉制品加工的原料选择、处理方法、加工过程和产品特点。
2. 掌握鲜乳的验收标准，巴氏杀菌乳、较长保质期奶和超高温灭菌乳的特点和生产工艺。

技能目标：1. 能够选择合适的原料和处理方法进行牛肉制品加工。
2. 能够进行鲜乳的验收。

【任务准备】

一、牛肉制品加工

牛肉干制品是将原料肉加入配料初处理后，在自然条件或人工控制条件下促使肉中水分蒸发的一种工艺过程。牛肉干的特点是含水少，耐贮存，食用方便。常见的产品有肉松、肉干、肉脯等。

干制的原理就是通过脱去食品中的水分，抑制微生物的活动和酶的活力，从而达到加工和贮藏的目的。应该指出的是，在一般干燥条件下，并不能使制品中的微生物完全死亡，只是抑制其活动，若以后环境适宜，微生物仍会继续生长繁殖。如霉菌污染了肉品，干燥后仅因缺少水分而繁殖受阻，并不死亡，当恢复到一定水分后霉菌又大量繁殖起来。因此，肉类在干制时一方面要进行适当的处理，减少制品中微生物的数量，另一方面干制后要采用合适的包装材料和包装方法，防潮防污染。

干制方法一般可分为自然和人工两种。人工干制就是在常压或减压环境中以传导、对流和辐射传热的方式或在高频电场内加热的条件下干制食品的方法。

（一）牛肉干制作

牛肉干是用新鲜牛肉加入配料，经过一定处理后干制而成。按配料可分为咖喱肉干、五香肉干、麻辣肉干等，其加工方法大同小异。现介绍烘烤制牛肉干的方法。

1. 原料的选择与处理

牛肉干原料多用前后腿的新鲜瘦肉。先将原料肉的脂肪、筋腱、软骨剔除，然后将纯瘦肉洗净、沥干，切成 0.5 kg 左右肉块。

2. 水煮

将牛肉块放入锅中，用清水煮 30~40 min，水刚烧开时，撇去肉汤浮沫，捞出沥干，按需要切成肉片、条或肉丁。

3. 配料

常用的配方有下列几种。

配方 1：瘦牛肉 100 kg，食盐 2.5 kg，酱油 5 kg，五香粉 0.25 kg（或将大茴香、陈皮、桂皮适量包扎于纱布，与牛肉同煮）。

配方 2：瘦牛肉 100 kg，食盐 3 kg，酱油 6 kg，五香粉 200~400 g。

配方 3：瘦牛肉 100 kg，食盐 2 kg，酱油 6 kg，白糖 8 kg，黄酒 1 kg，生姜 0.25 kg，葱 0.25 kg，五香粉 0.25 kg。

4. 复煮

取原汤一部分，加入配料，用大火煮开。当汤有香味时，改用小火，并将已切成片（丁）的牛肉投入锅内煮，不断轻轻翻动，待汤汁将干时，将牛肉取出沥干。

5. 烘烤

将沥干后的牛肉平铺在铁丝网上，下面用火烘干。温度控制在 50~55℃，须经常翻动，以免烤焦。烘烤前，如在牛肉片中加入花椒、辣椒粉拌和，烤后即成为麻辣牛肉干，加入五香粉则成为五香牛肉干。

6. 保存

烘烤冷却后包装。包装好的肉干放在通风干燥处，一般可保存 2~3 个月，装在玻璃瓶中，可保存3~5个月，牛肉干最好先用包装纸包好，再与纸袋一起烘干1 h，可防霉变，可延长保存期，用食品袋抽取真空后再包装则时间更长。

（二）牛肉松制作

1. 原料的选择与处理

选择瘦牛肉加工牛肉牛松，首先将原料肉的脂肪、筋腱、软骨剔除，然后顺肉纹切成长条，再横切成3 cm左右短条。

2. 配料

瘦牛肉50 kg，酱油5~9 kg，精盐1 kg，白糖3 kg，味精200 g，料酒1.5 kg，生姜250 g。

3. 煮肉与炒干

（1）煮肉：将切好的瘦牛肉放进锅中，加入与肉等量的水，先用大火煮沸后，撇去浮油沫，若肉未烂而水已干，可酌情加水。煮到筷子夹压肉块，肉纤维自行分离时，就可将调味料加入，并继续煮至汤将干为止。

（2）炒压：用中火边翻炒，边用锅铲压散肉块。炒得过早，肉块未烂，不易压散；炒得过晚，肉块过烂，易焦锅糊底。

（3）炒松：炒压后改用小火，勤炒勤翻，操作轻匀，待肉块全部松散成丝绒状。水分完全蒸发，最后呈金黄色有香味时可结束。

（4）贮藏：若需长期保存，应冷却后用玻璃瓶或铁盒包装，存放干燥处，以防吸潮变质。短期食用，可用纸袋或常用食品袋包装。

（三）酱牛肉的制作

酱牛肉味道鲜美，营养丰富，种类很多，基本制作方法如下。

1. 原料的选择处理

选无筋腱和脂肪的牛肉100 kg，切成500~1 000 g重的方块，将肉块洗净，同时除去肉块上的覆膜。

2. 配料

精盐6 kg，面酱8 kg，白酒0.8 kg，碎葱1 kg，鲜姜末1 kg，大蒜（去皮）1 kg，茴香面0.3 kg，五香粉0.4 kg。

3. 烫煮

把肉块放入沸水中煮1 h，为除去腥膻味，煮好后将肉块捞出，放入清水中浸洗，除去血沫。

4. 煮制

用2 kg清水，加入调料，与漂洗过的牛肉块同煮，水温95℃左右（勿使水沸），煮2 h后，将火减弱，水温降至85℃左右，继续煮2 h，达到烂熟时起锅，冷却后即为成品，酱牛肉出品率约为90%。

酱牛肉成品用瓷盘摆平（切勿重叠），存放在温度较低的场所，可保存3~4 d。酱牛肉制好的成品，呈褐色，块形齐，大小匀，无膻味，烂熟味美。

二、牛乳加工

（一）鲜乳验收

1. 感官指标

（1）色泽：乳白色或稍带微黄色。

（2）气味：具有新鲜牛乳固有的香味，无任何其他异味。

（3）组织状态：呈均匀的胶态流体，无沉淀、无凝块、无杂质和异物等。

2. 理化指标

我国规定的鲜乳验收时的理化指标见表6-3，理化指标只有合格指标，不再分级。

表6-3　鲜乳理化指标

项目	指标
密度（20℃：4℃）	>1.028（1.028~1.032）
脂肪/%	≥3.10（2.8~5.0）
酸度（以乳酸表示）/%	<0.162
蛋白质/%	≥2.95
杂质度/(mg·L^{-1})	<4
六六六/(mg·kg^{-1})	<0.1
DDT/（mg·kg^{-1}）	<0.1
抗生素/(U·L^{-1})	<0.03
汞/（mg·kg^{-1}）	<0.01

（1）酒精试验：是为观察鲜乳的热稳定性而广泛使用的一种方法，也是间接检验牛乳的酸度及新鲜程度的一种方法。酒精试验与酒精浓度有关，一般用70%~

72%的酒精与等量乳混合，凡出现凝块的称为酒精阳性乳，对应的滴定酸度不高于18°T。为了合理利用原料乳和保证乳制品质量，用于制造淡炼乳的原料乳，应用75%酒精试验；用于制造甜炼乳的原料乳，应用72%酒精试验；用于制造乳粉的原料乳，应用68%酒精试验（酸度不得超过20°T）。酸度不超过22°T的原料乳尚可用于制造奶油，酸度超过22°T的原料乳只能用于制造干酪素、乳糖等。如在验收时出现细小凝块，可进一步测定酸度或进行煮沸试验。

（2）滴定酸度：通过酸度测定可鉴别原料乳的新鲜度，了解乳中微生物的污染状况。新鲜牛乳的滴定酸度为16～18°T。该法测定酸度虽然准确，但现场收购时受到实验室条件的限制。

（3）相对密度：是评定鲜乳成分是否正常的常用指标，但在实际的检验中不能只凭这一项指标来判断，必须结合脂肪、蛋白质及风味的检验来判断牛乳是否掺水或干物质含量是否不足。

（4）冰点：大多数乳品厂通过测定冰点来检测牛奶中是否掺水，如果掺水冰点将上升。

（5）乳成分的测定：随着分析仪器的发展，有很多高效率的检验仪器可检测乳品，如微波干燥法可测定总干物质（TMS检验），通过红外分析仪可自动测出牛奶中脂肪、蛋白质、乳糖等的含量。

（6）抗生素残留量检验：抗生素的残留对于发酵乳制品加工的影响是致命的，因而抗生素残留量检验是验收发酵乳制品原料乳的必检指标，常用以下两种方法检验。

①TTC试验：在被检牛乳中加入指示剂TTC并接种细菌进行培养试验，如果TTC保持原有的无色状态，说明细菌不能生长繁殖，原来的鲜乳中有抗生素。反之，如果TTC变成红色，说明被检乳中无抗生素残留。

②纸片法：将浸过被检乳样的纸片放入接种有指示菌种的琼脂培养基上，如果被检乳样中有抗生素残留，会向纸片四周扩散阻止指示菌的生长，在纸片的周围形成透明的阻止带，根据阻止带的直径可判断抗生素的残留量。

3. 微生物指标

微生物指标可采用平皿培养法（计算细菌总数）或美蓝还原褪色法（按美蓝褪色时间分级指标进行评级），两种只允许用一种，不能重复。微生物指标分为4个级别，按表6-3中细菌总数分级指标进行评级。生鲜牛乳的微生物指标见表6-4。

表6-4 鲜奶理化指标

分级	平皿细菌总数指标/(104cfu·mL^{-1})	美蓝褪色指标
Ⅰ	≤50	≥4 h
Ⅱ	≤100	≥2.5 h
Ⅲ	≤200	≥1.5 h
Ⅳ	≤400	≥40 min

4. 各种乳制品用奶规定

加工消毒牛乳、酸牛乳、干酪和全脂无糖或全脂加糖炼乳，须用特级生鲜牛乳，但加工消毒牛乳所用的生鲜牛乳的脂肪、比重和乳总干物质不低于一级生鲜牛乳的规定。

5. 不合格牛乳

牛乳颜色有变化，呈红色、绿色或显著黄色；牛乳中有肉眼可见异物或杂质；牛乳中有凝块或絮状沉淀；牛乳中有畜舍味、苦味、霉味、臭味、涩味和煮沸味及其他异味；产前15 d内的胎乳或产后7 d内的初乳；用抗生素或其他对牛乳有影响的药物治疗期间母牛所产的牛乳和停药后4 d内的牛乳；添加有防腐剂、抗生素和其他任何有碍食品卫生的物质的牛乳。

6. 生鲜牛乳的盛装、贮存和运输

生鲜牛乳的盛装应采用表面光滑、无毒、无锈的铝桶、搪瓷桶、塑料桶、不锈钢桶或不锈钢槽车，镀铸桶和挂锡桶应尽量少用。乳桶可分为50 kg和25 kg两种，乳槽车分为2 t、4 t、5 t和10 t等多种规格。

收购点对验收合格的牛乳应迅速冷却到2~10℃或以下，或将盛乳桶贮于冷盐水池或冰水池中，贮存期间牛乳温度不应超过10℃。工厂收乳后应当用净乳机净乳，而后通过冷却器迅速将牛乳冷却到4~6℃，输入贮乳槽贮存。贮存过程中应定期开动搅拌器搅拌，以防脂肪上浮。

生鲜牛乳运输可采用汽车、乳槽车或火车等运输工具。运输过程中，冬、夏季均应保温，并有遮盖，防止外界温度的影响。

（二）巴氏杀菌乳

又称市乳，它是以合格的新鲜牛乳为原料，经离心净乳、标准化、均质、巴氏杀菌、冷却和灌装，直接供给消费者饮用的商品乳。因脂肪含量不同，可分为全脂乳、高脂乳、低脂乳、脱脂乳和稀奶油；就风味而言，可分为原味、草莓、巧克力、果汁等风味产品。

巴氏杀菌后，应及时冷却、包装，一定要立即进行磷酸酶试验，且试验结果呈阴性。

巴氏杀菌乳的生产

(1) 巴氏杀菌乳的生产工艺为：原料乳的验收—缓冲缸—净乳—标准化—均质—巴氏杀菌—灌装—冷藏（图 6-3）。

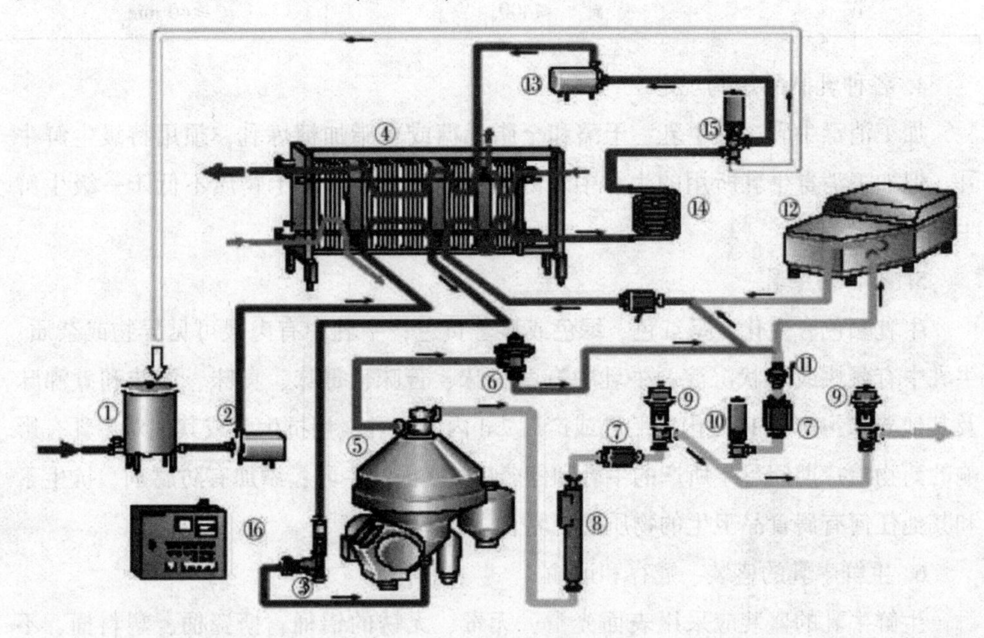

①平衡槽 ②进料泵 ③流量控制器 ④板式换热器 ⑤分离机 ⑥稳压阀 ⑦流量传感器 ⑧密度传感器 ⑨调节阀 ⑩截止阀 ⑪检查阀 ⑫均质机 ⑬增压泵 ⑭保温管 ⑮转向阀 ⑯控制盘

图 6-3 巴氏杀菌乳生产线示意图

原料乳先通过平衡槽①，然后经泵②送至板式热交换器④，预热后，通过流量控制器③至分离机⑤，以生产脱脂乳和稀奶油。其中稀奶油的脂肪含量可通过流量传感器⑦、密度传感器⑧和调节阀⑨确定和保持稳定，而且为了在保证均质效果的条件下节省投资和能源，仅使稀奶油通过一个较小的均质机。

实际上，图 6-3 中稀奶油的去向有两个分支，一是通过阀⑩、检查阀⑪与均质机⑫相联，以确保巴氏杀菌乳的脂肪含量；二是多余的稀奶油进入稀奶油处理线。此外，进入均质机的稀奶油的脂肪含量不能高于 10%，所以一方面要精确计算均质机的工作能力，另一方面应使脱脂乳混入稀奶油进入均质机，并保证其流速稳定。随后均质的稀奶油与多余的脱脂乳混合，使物料的脂肪含量稳定在3%，并送至巴氏杀菌机④和保温管⑭进行杀菌，然后通过回流阀⑮和动力泵⑬使杀菌后的巴氏杀菌乳在杀菌机内保证正压。这样就可避免由于杀菌机的渗漏，导致冷却介质或未杀菌的物料污染杀菌后的巴氏杀菌乳。当杀菌温度低于设定值时，温感器将指示回流阀⑮，使物料回到平衡槽。巴氏杀菌后，杀菌乳继续通过杀菌机热交换段与流入的未经处理的乳进行热交换，使本身被降温，然后继续用冷水和冰水冷却，冷却后先通过缓冲罐，再进行灌装。

巴氏杀菌乳的加工工艺因不同的法规而有所差别，而且不同的乳品厂也有不同的规定。

（2）巴氏杀菌乳生产工艺要点

①原料乳要求。欲生产高质量的产品，必须选用品质优良的原料乳。巴氏乳的原料乳检验内容包括以下内容。

a. 感官指标：包括牛乳的滋味、气味、清洁度、色泽、组织状态等。

b. 理化指标：包括酸度（酒精试验和滴定酸度）、相对密度、含脂率、冰点、抗生素残留量等，其中前三项为必检项目，后两项可定期进行检验。

c. 微生物指标：主要是细菌总数，其他还包括嗜冷菌数、芽孢数、耐热芽孢数及体细胞数等。

d. 酒精试验：以72%（容量浓度）酒精对原料乳进行检测，对应的滴定酸度不高于18°T。如在验收时出现细小凝块，可进一步进行煮沸试验。

e. 滴定酸度：要求新鲜牛乳的滴定酸度为16~18°T（表6-5）。必要时，乳制品厂也采用刃天青试验和美蓝试验来检查原料乳的新鲜度。

表6-5　牛乳酸度与蛋白质凝固特性

牛乳酸度/°T	蛋白质凝固特性	牛乳酸度/°T	蛋白质凝固特性
18~20	不出现絮片	24~26	中型的絮片
20~22	很细的絮片	26~28	大的絮片
22~24	细的絮片	28~30	很大的絮片

f. 相对密度的测定：用乳稠密度计测定，并换算为标准温度下乳的密度。就原料乳的质量而言，可参考表6-6中所示有关原料乳细菌总数的标准；巴氏杀菌乳感官特性参照表6-7，相关质量标准执行表6-8、表6-9。

表 6-6 液态乳制品细菌总数的标准

项目	平板计数细菌总数/（$cfu \cdot mL^{-1}$）
原料乳	<100 000
原料乳在乳品厂贮存超过 36 h	<200 000
巴氏杀菌乳	<30 000
巴氏杀菌乳在 8℃下培养 5 d 后	<100 000
超高温和保温灭菌乳在 30℃下培养 15 d 后	<10

表 6-7 巴氏杀菌乳感官特性

项目	感官特性
色泽	呈均匀一致的乳白色或微黄色
滋味和气味	具有乳固有的滋味和气味，无异味
组织状态	均匀的液体，无沉淀，无凝块，无黏稠现象

表 6-8 巴氏杀菌乳的理化指标

项目	全脂巴氏杀菌乳	部分脱脂巴氏杀菌乳	脱脂巴氏杀菌乳
脂肪/%	≥3.1	1.0~2.0	≤0.5
蛋白质/%	2.9	2.9	2.9
非脂乳固体/%	8.1	8.1	8.1
酸度/°T	≤18.0	≤18.0	≤18.0
杂质度/（$mg \cdot kg^{-1}$）	≤2	≤2	≤2

表 6-9 巴氏杀菌乳的卫生指标

项目	全脂巴氏杀菌乳、部分脱脂巴氏杀菌乳、脱脂巴氏杀菌乳
硝酸盐（以 $NaNO_3$ 计）/（$mg \cdot kg^{-1}$） ≤	11.0
亚硝酸盐（以 $NaNO_2$ 计）/（$mg \cdot kg^{-1}$） ≤	0.2
黄曲霉毒素 M1/（$\mu g \cdot kg^{-1}$） ≤	0.5
菌落总数/（$cfu \cdot mL^{-1}$） ≤	30 000
大肠菌群（个 · $100\ mL^{-1}$） ≤	90
致病菌（指肠道致病菌和致病性球菌）	不得检出

另一个衡量原料乳质量的指标就是牛乳中体细胞的含量。原料乳标准中规定原料乳中体细胞含量不得高于 400 000 个/mL。

②原料乳的预处理

a. 过滤与净化：原料乳验收后，为了除去其中的尘埃杂质、表面细菌等，必须对原料乳进行过滤和净化处理，以除去机械杂质并减少微生物数量。过滤处理可以用纱布过滤，也可以用过滤器进行过滤；乳的净化是指利用机械离心力将肉眼不可见的杂质去除，使乳净化，目前主要采用离心净乳机进行净化处理。

b. 标准化：根据国家标准《巴氏杀菌乳》（GB 5408.1—1999）规定，全脂、部分脱脂和脱脂巴氏杀菌乳的脂肪含量分别为>3.1%、1.0%~2.0%和<0.5%。标准化的主要目的是使生产出的产品符合质量标准要求，同时使生产的每批产品质量均匀一致。原料乳中脂肪含量不足时，应添加稀奶油或除去一部分脱脂乳；当原料乳中脂肪含量过高时，则可添加脱脂乳或提取部分稀奶油。

c. 预热均质：鲜乳均质后可使牛乳脂肪球直径变小，一般控制在 1 μm 左右。因此，均质乳风味良好、口感细腻，有利于消化吸收。通常情况下，并非将全部牛乳都进行均质，而只对稀奶油部分调整到适宜脂肪含量后进行均质以节约成本，称为部分均质，其优点在于用较小的均质机就能完成任务，动力消耗少。生产巴氏杀菌乳时，一般于杀菌之前进行均质，以降低二次污染，均质后的乳应立即进行巴氏杀菌处理。

③杀菌。巴氏杀菌乳一般采用巴氏杀菌法，方法如表 6-10 所示。

表 6-10　生产巴氏杀菌乳的主要热处理分类

工艺名称	温度/℃	时间	方式
初次杀菌	63~65	15 s	—
低温长时间巴氏杀菌（LTLT）	62.8~65.6	30 min	间歇式
高温短时间巴氏杀菌（HTST）	72~75	15~20 s	连续式
超高温巴氏杀菌	125~138	2~4 s	—

间歇式热处理足以杀灭结核杆菌，对牛乳的感官特性的影响很小，对牛乳的乳脂影响也很小。连续式热处理，要求热处理温度至少在 71.1℃保持 15 s（或相当条件），此时乳的磷酸酶试验应呈阴性，而过氧化物酶试验呈阳性。如果在巴氏杀菌乳中不存在过氧化物酶，表明热处理过度。热处理温度超过 80℃，也会对牛乳的风味和色泽产生负面影响。磷酸酶与过氧化物酶活性的检测被用来验证牛乳

是否已经经过巴氏杀菌。

经 HTST 杀菌的牛乳（和稀奶油）加工后在 4℃贮存期间，磷酸酶试验会立即显示阴性，而稍高的贮温会使牛乳表现出碱性磷酸酶阳性。经巴氏杀菌后残留的微生物芽孢还会生长，会产生耐热性微生物使磷酸酶阳性，这极易误导得出错误的检测结论。

④杀菌后的冷却。杀菌后的牛乳应尽快冷却至 4℃，冷却速度越快越好。其原因是牛乳中的磷酸酶对热敏感，不耐热，易钝化（63℃/20 min 即可钝化）。同时牛乳中含有不耐高温的抑制因子和活化因子，抑制因子在 60℃/30 min 或 72℃/19 s 的杀菌条件下不被破坏，所以能抑制磷酸酶恢复活力，而在 82~130℃加热时抑制因子被破坏；活化因子在 82~130℃加热时能存活，因而能激活已钝化的磷酸酶。所以巴氏杀菌乳在杀菌灌装后应立即置 4℃下冷藏。

⑤灌装。冷却后要立即灌装。灌装的目的是便于保存、分送和销售。

a. 包装材料。包装材料应具有以下特性：能保证产品的质量和营养价值；能保证产品的卫生及清洁，对内容物无任何污染；避光、密封，有一定的抗压强度；便于运输、携带和开启；减少食品腐败；有一定的装饰作用。

b. 包装形式。巴氏杀菌乳的包装形式主要有玻璃瓶、聚乙烯塑料瓶、塑料袋、复合塑纸袋和纸盒等。

c. 危害关键控制。在巴氏杀菌乳的包装过程中，要注意：避免二次污染，包括包装环境、包装材料及包装设备的污染；避免灌装时产品的升温；包装设备和包装材料的要求高。

⑥贮存、分销。必须保持冷链的连续性，尤其是出厂转运过程和产品的货架贮存过程是冷链的两个最薄弱环节，应注意冷链温度，避光，避免产品强烈震荡，远离具有强烈气味的物品。

（三）较长保质期奶（ESL 奶）

较长保质期奶，即 ESL 奶。其是为了延长（巴氏杀菌）产品的保质期，采用比巴氏杀菌更高的杀菌温度（即超巴氏杀菌），并且尽最大可能避免产品在加工、包装和分销过程的再污染。保质期有 7~10 d、30 d、40 d，甚至更长。ESL 奶有如下特点：需要较高的生产卫生条件和优良的冷链分销系统（一般冷链温度越低，产品保质期越长，最高不得超过 7℃）。典型的超巴氏杀菌条件为 125~130℃，2~4 s。但无论超巴氏杀菌强度有多高，生产的卫生条件有多好，“较长保质期”奶本质上仍然是巴氏杀菌乳。其与超高温灭菌乳有根本的区别：首先，超巴氏杀菌产品并非无菌灌装；其次，超巴氏杀菌产品不能在常温下贮存和分销；最后，超巴氏杀菌产品不是商业无菌产品。

（四）超高温灭菌乳

1. 概述

灭菌乳是指对产品进行足够强度的热处理，使产品中所有的微生物和耐热酶类失去活性，可在室温下长时间贮存。20 世纪初，商业灭菌乳在欧洲较为普遍。

2. 灭菌乳的基本要求

加工后产品的特性应尽量与其最初状态接近，贮存过程中产品质量应与加工后产品的质量保持一致。

3. 灭菌乳的生产特点

①灌装后灭菌，称瓶装灭菌，产品称瓶装灭菌乳。②超高温瞬间灭菌（UHT）处理。

4. 超高温灭菌的方法

超高温灭菌加工系统的各种类型如表 6-11。这些加工系统所用的加热介质为蒸汽或热水。从经济角度考虑，蒸汽或热水是通过天然气、油或煤加热获得的，只在极少数情况下使用电加热锅炉。因电加热的热效率仅为 30%，而采取其他形式加热，锅炉的热转化率为 70%～80%。

表 6-11　各种类型的超高温灭菌加工系统

加热介质	加热类型	
蒸汽或热水加热	间接加热	板式加热
		管式加热（中心管式和壳管式）
		刮板式加热
	直接蒸汽加热	直接喷射式（蒸汽喷入牛乳）
		直接混注式（牛乳喷入蒸汽）

如上所述，述使用蒸汽或热水为加热介质的灭菌器可进一步被分为两大类，即直接加热系统和间接加热系统。在间接加热系统中，产品与加热介质（或热水）由导热面所隔开，导热面由不锈钢制成，因此在这一系统中，产品与加热介质没有直接的接触。在间接加热系统中，产品与一定压力的蒸汽直接混合，这样蒸汽快速冷凝，其释放的潜热很快对产品进行加热，同时产品也被冷凝水稀释。

三、其他附属品加工

包括牛骨、牛脂、牛皮及血粉等的加工。

【任务实施】

一、鲜奶的卫生质量检验

鲜奶的基本检验程序主要包括以下几个方面：感官检查、比重和脂肪含量的测定、酸度的测定。除上述检验项目外，还可根据不同的检验目的选择检验项目。

本次任务的目的：了解我国食品卫生标准中鲜奶卫生检验的基本项目、方法、内容及判定标准，掌握鲜奶各项卫生学检验的实际意义。

（一）材料准备

乳比重计（乳稠计）：20℃/4℃或15℃/15℃、温度计（0~100℃）、玻璃圆筒（或200~250 mL量筒）、0.1 mol/L氢氧化钠、1%酚酞指示剂、250 mL或150 mL锥形瓶、10 mL或25 mL容量吸管、50 mL或25 mL碱性滴定管等。

（二）人员组织

将学生分组，每组5~10人并选出组长，操作分工，各组分别按照步骤进行操作。

（三）操作步骤

1. 鲜奶的感官检验

感官检查是鲜奶卫生检验首先进行的指标，也是日常生活中人们判定鲜奶能否食用的最常用方法。

（1）采样：根据检验目的可直接从瓶装成品鲜奶中采样，也可从牛舍的奶桶中采样，这时应注意先将牛奶混匀，采样器应事先消毒。采样量一般在200~250 mL。

（2）检查：将鲜奶样品摇匀后，倒入一小烧杯中（约30 mL），仔细观察其外观、色泽（是否带有白色、绿色或明显的黄色）、组织状态（如是否有絮状物或凝块）；嗅其气味；且要煮后尝其味。

（3）评价标准：依据《食品安全国家标准　生乳》（GB 19301—2010），鲜奶应在感官检查中符合以下标准。

①外观及色泽：正常鲜奶为乳白色或稍带微黄色的均匀胶态液体，无沉淀、无凝块、无杂质。

②气味与滋味：鲜奶微甜，具有新鲜牛奶所特有的香味，无异味。

2. 鲜奶相对密度的测定

（1）原理：鲜奶相对密度是用乳密度计（也称乳稠计）进行测定，通常使用的乳密度计有两种：20℃/4℃（即 D_4^{20}）是 20℃ 的牛奶相对密度与同体积、4℃、纯水的相对密度之比；15℃/15℃（即 D_{15}^{15}）是 15℃ 的牛奶相对密度与同温度、同体积、纯水的相对密度之比。这两种密度计以 20℃/4℃应用较多。

（2）操作步骤

①测定样品温度：将乳样混匀，用温度计测定其温度，一般应在10~20℃。

②移入量筒：将乳样沿量筒壁小心倒入 200 mL 量筒中，注意应尽量不产生泡沫，倒入量应为量筒的 3/4 体积为宜。

③读数：用手握住乳密度计（20℃/4℃）上端，小心地沉入乳样品中，并让它在样品溶液中自由浮动，但不能与玻璃量筒内壁接触，静止 2~3 min 后，读出乳密度计的刻度（以液平凹线为准）。

④计算：根据乳密度计的读数和乳样温度，直接查乳温度换算表，将乳密度计读数换算成 20℃时的读数，再按下式计算。

$$\gamma_4^{20} = 1 + X/1000$$

式中：γ_4^{20}—样品的密度；X—乳密度计读数。

（3）意义：鲜奶主要由水、脂肪、蛋白质、碳水化合物（主要是乳糖）、盐类等按一定比例构成，这些成分构成了鲜奶固有的理化性质，如鲜奶的相对密度（或乳清相对密度）、折光率等，它们比较稳定，常作为评价鲜奶卫生质量的指标。

鲜奶的相对密度一般在 1. 028~1. 034，掺水后相对密度降低；脱脂或加入无脂干物质（如淀粉）后可使相对密度升高。如果牛奶既脱脂又加水，则相对密度可能无变化，这就是牛奶的“双掺假”。因此，单纯根据鲜奶相对密度并不能全面、准确地判定其卫生质量。

3. 鲜奶酸度的测定（°T）

（1）原理：新鲜牛奶的正常酸度为 16~18°T，牛奶酸度是指中和 100 mL 牛奶中的酸所消耗的 0. 1 mol/L 氢氧化钠的毫升数。牛奶酸度因细菌分解乳糖产生乳酸而增高，酸度是反映牛奶新鲜度的一项重要指标。

（2）操作步骤：精确吸取匀质乳样 10 mL 于 150 mL 锥形瓶中，加 20 mL 经煮沸冷却至室温的水，加入酚酞指示剂 3 滴，混匀。从碱性滴定管中缓慢滴入 0. 1 mol/L 氢氧化钠标准溶液，边滴边摇动锥形瓶，直至颜色与参比溶液的颜色相似，且 5 s 内不消退，整个滴定过程应在 45 s 内完成。滴定过程中，向锥形瓶中吹氮气，防止溶液吸收空气中的二氧化碳。记录此时消耗0.1 mol/L 氢氧化钠的毫升数。

(3) 结果计算：

酸度（°T）= $V_{(\text{消耗0.2 mol/L氢氧化钠的毫升数})}$ ×10。

(4) 意义：正常鲜奶的酸度为 16~18°T，当牛奶不新鲜时，细菌分解其中的乳糖生成乳酸，使酸度升高。因此酸度是衡量牛乳新鲜度的一项重要指标。

【任务反思】

1. 制作牛肉干时，如何保证食品的安全和卫生？

2. 鲜奶的感官检验中，如何通过闻和尝来判断鲜奶的质量？

任务四　牛产品营销

【任务目标】

知识目标：1. 了解市场营销的基本原则。

2. 掌握市场营销的策略。

3. 了解牛产品的营销策略。

4. 了解市场营销的战略要素保障。

技能目标：1. 能够根据产品特点制定相应的营销策略。

2. 能够根据目标客户的需求和市场状况选择合适的渠道进行营销。

3. 能够运用不同的促销手段吸引客户并提高销售业绩。

【任务准备】

一、营销原则

在现代社会，营销是商品和服务成功销售的关键。对于牛肉及其制品而言，要想成功地将它们推向市场并赢得消费者的青睐，也需要遵循一定的营销原则：

①了解目标客户群体原则。②产品设计符合市场需求原则。③加大营销宣传的原则。④坚持售后服务优先环节。

二、营销策略

从产品特点、目标客户、渠道选择和促销手段等方面探讨牛肉及牛肉制品的营销策略。

（一）产品特点

产品分为核心产品、形式产品、附件产品三个部分，要了解自己所经营的产品特点，以便为后续制定营销策略提供基础资料。

（二）目标客户

在确定产品特点后，需要进一步明确自己想要吸引哪些消费者群体。

（三）渠道选择

渠道选择直接影响产品推广效果和宣传范围大小。在选择渠道时需要考虑覆盖面积及投资回报率等因素。常见渠道有：传统零售店铺、在线电商平台、社交媒体。

（四）促销手段

确定具体应该采用何种方式进行促销活动，例如打折降价、赠送礼物、组合套餐优惠、限时秒杀抢购、达成指定条件返现返券等方法都值得尝试，具体有以下4种营销策略：①高价高促销策略。②高价低促销策略。③低价高促销策略。④低价低促销策略。

三、市场营销执行过程

（一）制定行动方案

为有效实施市场营销战略，必须制定详细的行动方案。

（二）建立组织结构

组织结构必须同企业战略相一致，必须同企业本身的特点和环境相适应。

（三）设计决策和报酬制度

为实施市场营销战略，还必须设计相应的决策和报酬制度，其直接关系战略实施的成败。

（四）开发人力资源

市场营销战略最终是由企业内部的工作人员来执行的，所以人力资源的开发至关重要，这涉及人员的选拔、安置、考核，培训、激励等问题。

（五）建设企业文化

企业文化是指一个企业内部全体人员共同持有和遵循的价值标准、基本观念和行为准则。企业文化对企业的经营思想和领导风格、职工的工作态度和作风均起着决定性作用。企业文化包括企业环境、价值观念、模范人物、仪式、文化网五个要点。

总之，企业文化主要是指企业在其所处的一定环境中，逐渐形成的共同价值标准和基本信念。因此，塑造和强化企业文化是执行企业战略的不容忽视的一环。

四、市场营销战略要素保障

为了有效实施市场营销战略，企业的行动方案、组织结构、决策和报酬制度、人力资源、企业文化和管理风格这五大要素必须与市场营销执行能力相协调。市场营销执行的问题常常出现在企业的如下三个层次。

1. 市场营销职能

即基本的市场营销职能能否得到实施，如企业怎样才能从某广告公司获得更有创意的广告。

2. 市场营销方案

即把所有的市场营销职能协调地组合在一起，构成整体行动，这一层次出现的问题常常发生在一项新产品引入另一个新市场时。

3. 市场营销政策

企业需要所有员工以最好的态度和最好的服务对待所有的顾客。

【任务实施】

一、蜀宣花牛产品的销售方式、单价调查

（一）材料准备

调查表、记录笔。

（二）人员组织

将学生分组，每组5~10人并选出组长，组织调查活动的开展。

（三）操作步骤

1. 调查蜀宣花牛产品的销售方式和单价等，并填写下表。

调查人员：________　　　　　调查时间：____年____月____日

序号	产品名称	销售方式	单价	数量	销售额
1	牛肉干				
2	牛肉松				
3	酱牛肉				
4	牛骨粉				
5	牛骨油				

续表

序号	产品名称	销售方式	单价	数量	销售额
6	血粉				
7	牛皮				
……					

2. 通过调查，归纳总结蜀宣花牛产品的主要营销方式。

二、促销活动策划

牛产品的营销模式和策略可以因市场、产品类型和目标客户而异，以下是一些可能的营销模式和策略。

线上营销：通过互联网平台进行销售，如开设网店、在社交媒体上宣传等。这种营销模式适合于各种类型的牛肉，包括生鲜牛肉、冷冻牛肉、熟牛肉等。通过线上销售，可以减少中间环节，降低成本，提高效率。

专卖店营销：开设牛肉专卖店，集中销售各种类型的牛肉。这种营销模式适合于在特定地区或目标市场中销售特定类型的牛肉，如高端牛肉、进口牛肉等。专卖店可以提供专业的服务，树立品牌形象，提高消费者对产品的认知度和信任度。

团购营销：通过团购平台或团购活动，将牛肉销售给企业、学校、机关等机构。这种营销模式适合于大批量销售，可以享受批量折扣，降低成本。同时，团购也可以提高产品的知名度和口碑。

会员营销：建立会员制度，为会员提供专享优惠和特色服务。这种营销模式适合于长期客户的关系维护，可以增加客户黏性，提高客户满意度和忠诚度。

体验式营销：通过现场品尝、烹饪演示等形式，让消费者了解牛肉的品质和口感，增加产品的吸引力。这种营销模式适合于生鲜牛肉和冷冻牛肉等需要消费者自行烹饪的产品类型，可以增加消费者的购买意愿和信任度。

组合营销：将不同类型的产品组合在一起销售，如牛肉套餐、牛肉礼盒等。这种营销模式适合于节日、庆典等特殊场合的销售，可以提高销售额和利润率。

品牌营销：通过建立自己的品牌形象和品牌文化，增加消费者对产品的认知度和信任度。这种营销模式适合于长期市场的开拓和维护，可以提高品牌知名度和美誉度，增加消费者黏性。

（一）材料准备

调查表、记录笔。

（二）人员组织

将学生分组，每组5~10人并选出组长，组织调查活动的开展。

（三）操作步骤

1. 调查牛产品的不同促销策略、促销方法，比较它们的促销效果，填写下表。

调查人员：________　　调查时间：____年____月____日

序号	日期	牛产品名称	促销策略	促销方法	促销效果
1					
2					
3					
4					
5					
……					

2. 以小组为单位，根据调查结果，选择其中一种牛产品，写一份促销方案。

【任务反思】

1. 营销方法有哪些？

2. 不同促销方法各有哪些优缺点？

项目测试

一、单项选择题（将正确的选项填在括号内）

1. 牛屠宰前进行卫生检疫的目的是什么？（　　）

A. 确保牛肉质量　　B. 确保牛肉安全

C. 防止病原体的传播　　D. 保护消费者健康

2. 以下哪种疾病不是牛屠宰前要检疫的对象？（　　）

A. 口蹄疫　　B. 牛肺疫

C. 布鲁菌病　　D. 日本血吸虫病

3. 牛送宰前应进行哪个项目的检查？（　　）

A. 体温检测　　B. 外观检查

C. 实验室疫病检测　　D. 以上都不是

4. 牛在运输至屠宰场后，安排的候宰时间为（　　）。

A. 1 d　　B. 2~7 d　　C. 10 d　　D. 15 d

5. 在宰前饲养中，对瘦弱的牛应采取（　　）。

A. 长期育肥饲养　　B. 短期育肥饲养

C. 催肥饲养　　D. 以上都不是

6. 牛在宰前应禁食的时间为（　　）。

A. 24 h　　B. 2 h　　C. 4 h　　D. 8 h

7. 屠宰工艺中，牛被击晕后应该立即进行哪个步骤？（　　）

A. 套腿提升　　B. 放血

C. 去前蹄和牛头　　D. 以上都不是

8. 在屠宰工艺中，以下哪种方法会使牛暂时失去知觉？（　　）

A. 击晕　　B. 电击晕

C. 挂牛　　D. 去前蹄和牛头

9. 在屠宰工艺中，以下哪个步骤是错误的？（　　）

A. 挂牛时，提升机的电压应在 70~120 V

B. 放血刀具每次使用后都应消毒

C. 电刺激主要是使牛放血充分，促进 ATP 的消失和 pH 值的下降

D. 去前蹄和牛头时，应该先割断牛头背侧与脖肉相连的肌肉

10. 牛肉保鲜的主要目的是什么？（　　）

A. 增加牛肉的口感　　B. 防止牛肉的腐败变质

C. 提高牛肉的重量　　D. 以上都不是

11. 以下哪种方法属于牛肉的低温贮藏保鲜？（　　）

A. 冷藏保鲜　　B. 冷冻保鲜

C. 真空包装　　D. 防腐剂保鲜

12. 采用低温贮藏保鲜时，应该控制哪些因素？（　　）

A. 温度、湿度、空气流动速度　　B. 温度、湿度、空气组成

C. 温度、湿度、气压　　　　　　　　D. 温度、湿度、风速

13. 气调保鲜主要是通过什么方式来延长肉品贮藏寿命和货架期的？（　　）

A. 调整环境气体成分

B. 抑制微生物作用

C. 抑制肉品本身的生理生化作用

D. 注入特殊的气体或气体混合物

14. 在气调保鲜中，适合用于鲜牛肉的充气包装的气体比例是（　　）。

A. $80\%O_2+20\%CO_2$　　　　B. $70\%N_2+30\%CO_2$

C. $60\%N_2+40\%CO_2$　　　　D. $50\%O_2+50\%CO_2$

15. 有机酸保鲜中最常用的酸类有哪些？（　　）

A. 醋酸、丙酸、乳酸、柠檬酸、山梨酸、苯甲酸、磷酸及其盐类

B. 醋酸、丙酸、乙酸、辛酸、山梨酸、苯甲酸及其盐类

C. 醋酸、丙酸、乳酸、山梨酸、苯甲酸及其盐类

D. 醋酸、丙酸、乙酸、乳酸、柠檬酸及其盐类

16. 以下哪种方法可以制作牛肉干制品？（　　）

A. 自然干燥　B. 人工干燥　　C. 真空干燥　　D. 冷冻干燥

17. 以下哪个指标是用于观察鲜乳的热稳定性的？（　　）

A. 酒精试验　B. 滴定酸度　　C. 相对密度　　D. 冰点

18. 以下哪个方法是通过测定冰点来检测牛奶中是否掺水？（　　）

A. 冰点检测法 B. 酒精试验　　C. 滴定酸度　　D. 相对密度

19. 超高温灭菌乳的加工特点是什么？（　　）

A. 灌装后灭菌称瓶装灭菌，产品称瓶装灭菌乳

B. 加工后产品的特性应尽量与其最初状态接近，贮存过程中产品质量应与加工后产品的质量保持一致

C. 采用超高温瞬间灭菌处理

D. 以上都是

20. 以下哪个选项是 ESL 奶和超高温灭菌乳的根本区别？（　　）

A. 超巴氏杀菌产品并非无菌灌装

B. 超巴氏杀菌产品不能在常温下贮存和分销

C. 超巴氏杀菌产品是商业无菌产品

D. 以上都是

21. 在制定牛肉及其制品的营销策略时，首先要考虑的是哪个因素？(　　)

A. 目标客户群体　　B. 产品特点

C. 渠道选择　　D. 促销手段

22. 下列哪种营销策略可以有效吸引年轻消费者群体？(　　)

A. 打折降价　　B. 赠送礼物

C. 社交媒体营销　　D. 以上都可以

二、多项选择题（将正确的选项填在括号内）

1. 下列哪些是牛屠宰前需要停食静养的时间？(　　)

A. 6 h　　B. 12~24 h　　C. 38 h　　D. 48 h

2. 下列哪些是宰前饲养管理对肉品质量的影响？(　　)

A. 补充肌糖原　　B. 消除运输疲劳

C. 改善肉质　　D. 补充水分

3. 下列哪些是屠宰工艺中的主要步骤？(　　)

A. 致昏　　B. 击晕

C. 套腿提升（挂牛）　　D. 去前蹄和牛头

4. 下列哪些方法属于牛肉的保鲜技术？(　　)

A. 低温贮藏保鲜　　B. 真空包装

C. 防腐剂保鲜　　D. 辐射保鲜

5. 下列哪些是气调保鲜的优点？(　　)

A. 可以延长肉品的贮藏寿命和货架期

B. 可以保持肉品的色泽

C. 可以减少产品受压和血水渗出

D. 可以使肉品达到良好状态

6. 以下哪些指标是用于评定鲜乳成分是否正常的？(　　)

A. 相对密度　　B. 冰点

C. 乳成分的测定　　D. 抗生素残留量检验

7. 下列哪些特点属于 ESL 奶？(　　)

A. 需要较高的生产卫生条件和优良的冷链分销系统

B. 保质期有 7~10 d、30 d、40 d，甚至更长

C. 本质上仍然是巴氏杀菌奶

D. 与超高温灭菌乳有根本的区别

三、判断题（正确的在括号里打 A，错误的在括号里打 B）

（　　）1. 官方兽医按照《反刍动物检疫规程》中“临床检查”部分实施检查，合格的牛可以屠宰，不合格的也可以屠宰。

（　　）2. 候宰期间，不同来源的畜禽可以接触，只要在屠宰前做好检验即可。

（　　）3. 在屠宰工艺中，击晕是为了使牛神经受到恐怖、愤怒和痛苦的刺激，从而引起血管收缩，血液剧烈流入肌肉内，降低牛肉的质量。

（　　）4. 气调保鲜就是将食品进行真空包装。

（　　）5. 在干制条件下，肉制品中的微生物并不会完全致死，只是抑制其活动。如果环境适宜，微生物仍会继续生长繁殖。

（　　）6. 酒精试验是为观察鲜乳的热稳定性而广泛使用的一种方法，也是间接检验牛乳酸度及新鲜程度的一种方法。

（　　）7. ESL 奶是商业无菌产品。

（廖志敏　龙开安）